从一变多

从种子到节日盛宴

Aus eins mach viel
Vom Samenkorn zum Festtagsschmaus

[德]瑞娜特·哈冰尔（Renate Habinger）[德]克丽丝塔·施莫伊格（Christa Schmoiger）著
李伊予 [德]韩特 陈正庭 译

電子工業出版社
Publishing House of Electronics Industry
北京 • BEIJING

图书在版编目（CIP）数据

从一变多：从种子到节日盛宴 /（德）瑞娜特·哈冰尔 (Renate Habinger)，（德）克丽丝塔·施莫伊格 (Christa Schmoiger) 著；李伊予，（德）韩特，陈正庭译. —北京：电子工业出版社，2019.4
ISBN 978-7-121-36090-9
Ⅰ. ①从… Ⅱ. ①瑞… ②克… ③李… ④韩… ⑤陈… Ⅲ. ①植物–普及读物 Ⅳ. ① Q94-49

中国版本图书馆 CIP 数据核字 (2019) 第 039766 号

策划编辑：于军琴
责任编辑：裴杰
印　　刷：北京捷迅佳彩印刷有限公司
装　　订：北京捷迅佳彩印刷有限公司
出版发行：电子工业出版社
　　　　　北京市海淀区万寿路 173 信箱　邮编：100036
开　　本：787×1092　1/16　　印张：7.75　　字数：170 千字
版　　次：2019 年 4 月第 1 版
印　　次：2019 年 4 月第 1 次印刷
定　　价：79.80 元

每种蔬菜瓜果都有不同的名称

茶藨子 | 黑加仑
皱叶椰菜 | 皱叶包菜 | 皱叶甘蓝
茴香
荷兰豆 | 豌豆
结球莴苣 | 包心生菜
球芽甘蓝 | 抱子甘蓝
矮瓜 | 茄子
苤蓝 | 芥蓝头 | 大头菜
金笋 | 黄甘荀 | 黄胡萝卜
西芹 | 旱芹 | 药芹
花椰菜 | 菜花
黄香李 | 布拉斯李
结球红菊苣 | 结球红苦苣
香芹根 | 芫荽根 | 胡荽根
西葫芦 | 角瓜
洋蓟

丰收、美食和享受！

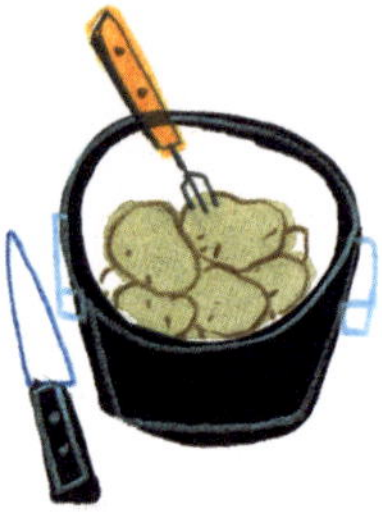

任何食物都要等待生长

天上不会掉馅饼，食物不会自己飞入我们的嘴巴。那纯粹是黄粱美梦！不过，我们确实生活在物质丰富的大自然中！

大自然的美妙之处就是有取之不尽的物种。它让一棵树上不只成熟一个苹果，让一粒种子不只繁殖一粒种子，也不只十粒种子，而可能繁殖上百粒种子。大自然的运作不遵循什么“经济”准则。它“繁殖”的种子数量大于延续后代的需要量（尽量减少能源和材料消耗）。大自然循环的运作方式完全异于“节省”。植物发芽，长叶，滋养许多蓓蕾，开花，再借助风和昆虫等媒介来完成授粉。这些植物结成的果实或蔬菜又结出无数种子。这种无止境的再分配，给动物、土壤、空气及人类都提供了无比慷慨的馈赠。

丰收时节（我们这里是秋天）举行感恩庆祝不是无缘无故的。天灾造成减收后，可能会造成饥荒。幸运的是，我们很多人不必亲身经历那些苦难。

在本书中，我们着重介绍食用植物，包括农作物博大的宝藏——水果和蔬菜。我们重点关注能吃的，从种子长成的植物。我们只列举3种基本食物：小麦、玉米和稻米，就立刻能看出来这一组食物有多么重要。它们都是能吃的种子。

“怎样更多地繁殖？”一章重点介绍种子的概念及种子的产生。“是长的还是圆的？”一章主要介绍长在地表和地下的蔬菜的形状，比如长短粗细。“生长，生长，生长！”一章将研究如何种植这些蔬菜，什么因素阻碍植物生长，以及如何帮助植物茁壮成长。“丰收、美食和享受！”一章给出了许多技巧，还有美味的食谱，使我们可以烹调并享用丰收成果。

在书的前面部分，可以发现蔬菜和水果有各种不同的名字。

另一种严重威胁是，相对于“纯种”种子，利用“杂交”种子的趋势在可怕地不断增长。杂交种子虽然能“生产”植物，但是这些植物不能产生有生命力的种子。不能像传统种子那样耕种，为下次播种获取强壮的种子。这样，一方面必须不断购买新的种子，另一方面也使我们失去许多传统的农作物。诸如此类，产生各种相互妨害的问题。

与此同时，还有许多适应当地气候、高产而健硕的蔬菜和谷物品种。如果这些特殊品种只适合在某区域耕种繁殖，那么每次到外地旅行，都是发现食品、探索种植和烹饪世界的体验之旅。有无数新的口味、不熟悉的种植方式和未知蔬菜在等待我们去发现。只有这样不间断地探索，我们的食物才能更丰富、更新鲜、更美味。

因而，即使采用最简单的食物，也能带来盛宴的美好享受。

瑞娜特·哈冰尔

相比“野生植物”，农作物需要更多的照料。因此，女神库拉将陪伴我们阅读本书。库拉是罗马女神之一，被称为操心女神。

以下是女神库拉和人类的传说。

有一天，女神库拉在过河，一团胶泥样的物质溅到了她的眼睛里。

库拉若有所思地想了想，开始用手揉捏那团泥巴。她仔细地修饰好每个细小部位，看着捏出的形状，陷入了沉思。

众神之王朱庇特将视线越过库拉的肩膀，好奇地看着她手中的杰作，随后赋予那个形体生命。

但是，在给泥土塑成的生命取名时，库拉和朱庇特发生了争执。朱庇特认为，一定要由他来取名，因为他给了形体生命。

而此时地母盖亚也加入了争执之中。因为那创造形体的一切都来自大地。

如果不是农神萨图奴斯碰巧路过，这场争执可能永远不会结束。农神思索后决定：“朱庇特赋予了泥塑生命，所以这形体死后，朱庇特可以收回其灵魂。地母提供了泥塑的材料，所以待其死后，理应得到其躯体。库拉塑造了形体，所以只要库拉和这个形体活着，这个形体就属于库拉，受库拉照管。”

“你们因为取名而争执，不如也听听我的决断：形体由泥塑成，就叫它人吧！”

怎样更多地繁殖？

种子的用途 | 种子概论

为了生存，我们需要种子，比如小麦或稻米的种子就是我们的食物。更进一步说，我们播种种子，也是为了生产出我们需要的食物。众所周知，没有食物，我们就会被饿死。

世界上最重要的食物种子有哪些呢？答案是3种种子：小麦、玉米和稻米。将小麦磨成粉，可以烤成面包；将玉米磨成面，可以烙制煎饼；将稻米去壳煮熟，可制成多种美味食物。

数千年以来，人类一直在培育种子。经过经年累月的精心筛选，种子发生了巨大变化。野生品种不仅进化成较大颗粒的农作物，还适应了当地的气候和土壤条件。通过选择和培育，种子的口味也发生了变化。可以这么说，人类的历史有多长，食物的使用和培育历史就有多久，这些全都蕴藏在细小的一粒种子里。

所有这些优良品质，都蕴藏在农作物的种子中。用种子种出的植物，可传承所有上一代植物的基因。同时，再生的植物又可适应当地的气候和土壤条件。而最重要的是，从这种植物收获的种子，可以继续留种播种，而且遗传了所有上一代植物的优良品性，能持续不断地适应环境。

杂交种子由于是在实验室中制造的，失去了长时间形成的留种能力。因此，使用自然种子对我们十分重要，如此才能确保良好的食物基因，确保我们有植物可以食用。

小麦

文神库拉的提示
现磨的谷物味道特别好。

谷物

在我们所处的纬度上生长良好。因为需求量巨大，所以要在大片田地上种植谷物。只有农民才拥有广袤的土地，家庭花园或阳台没有足够的面积。如果你想知道植物如何生长，可以在园地里撒几粒种子看看。

稻米是一种能长出许多茎秆的植物，结出的稻粒数量惊人，一株植株上的稻粒甚至高达3000粒。

美味的稻米

稻米遍及世界各地，是人类重要的食用种子植物。中国是最大的稻米产出国家。在亚洲、非洲和南美洲，稻米都是重要的食物。欧洲也有稻米生长，其主要产地集中在南部国家，如意大利、葡萄牙和西班牙。最北部的稻米种植地区在瑞士。稻米可种植在水中，也可无水种植，无水种植的稻米被称为干地稻米。

经过几千年的培育，稻米已有上千个品种。在脱粒后，稻谷必须去掉稻壳（被称为糙米）——对糙米粒进行研磨，去掉银色皮层和胚芽，得到白米粒。但这个过程会失去许多矿物质和维生素，因而糙米的营养价值更高。稻米去壳后为大米，按颗粒的形状划分，可分为长粒大米、中粒大米和短粒大米。烩饭采用中粒大米，其中最知名的品种是意大利阿婆罗（Arborio）米。

烩饭可以只用米来制作，也可加入蔬菜来烹煮，比如加芦笋、胡萝卜、西芹、南瓜或红菜头等。蔬菜和米一起烹饪，会越煮越软，使得蔬菜的味道融入烩饭中。像芦笋尖一类鲜嫩的部分，通常最后入锅，以免煮得过烂。

味道好极了！

烩饭 | 细润香糯

做法如下：

烹制（经典）烩饭需要以下食材：

*300~550克烩饭大米*2汤勺黄油或植物油*按口味准备70克或更多巴尔马干酪（新鲜磨碎的）*20~40根藏红花*盐和胡椒若干*1升开水*新鲜汤料（欧当归、欧亚活血丹和马郁兰等）或1块汤块，也可以用希尔达蔬菜汤料（见114页）

按口味还可以放入：*1颗洋葱*几瓣大蒜

黑麦属于禾本科植物，其麦粒是谷物中颜色最深的。黑麦很适应欧洲的寒冷气候，因而可以种植两季——夏季黑麦和冬季黑麦，既可在春季播种，也可在秋季播种。德国是世界上最大的黑麦生产国。

用黑麦做成的面包非常香，但是为了更好地烘烤，必须把面粉做成酸面团来发酵。否则，密度太大会影响面包的口感。

发酵面需要以下食材（或每样食材减半）：

* 约200克黑麦面
* 葛缕子少许
* 1/2升温水

面包的发酵面团

这是一个非常简单的食谱，你独自一人就可以做出发酵面团。洋葱圈起着很重要的作用，可以防止过分发酵。不必担心有异味，面团发酵以后不会有洋葱的味道！

只要引子/老酵发好了，就可以拿掉洋葱圈。使用前，留一小团发面，放到小碗里，做下次发酵的引子。

留作引子的发酵面团，可以在冰箱存放一周，或在冷冻柜里长期存放。

松软的面包 | 喷喷香

烤面包需要以下食材：

*约1千克面粉（随意混合黑麦、普通小麦和斯佩尔特小麦）*1~2茶勺盐*1汤勺葛缕子*1汤勺茴香子*1汤勺芫荽（在研钵中捣碎）

按口味还可以添加：*1茶勺面包香辛料（葫芦巴）*1捧葵花子仁*一些橄榄油*2汤勺酸奶*2汤勺酸奶油

种子的概念

种子（种粒）是植物可以移动行走的那一部分。有了种子，植物可以旅行，可以长途跋涉，在其他地方重新生长。对于这段“旅行”，种子使用的是不同的运输方法。运输“车辆”有时可能是蚂蚁，有时可能是大象；运输“飞机”也许是贪吃种子的鸟类。在另一个地方落回地面以前，种子或紧紧依附在动物的毛皮上，或借助风力在空中飘荡。

通常，装在小包装中的蔬菜和农作物种子，乘坐着4个轮子的汽车，或驶向下一个商店，或进入家中，供我们种植播种。

种子既硬又坚固，具有强大的生命力，不但会茁壮成长，而且具有适应周围环境的能力。即使是最微小的种子，也能长成一棵庞大的植物，如树番茄。

种子具有各种形状和大小，可以像罂粟子一样细小，也可以像核桃那样大。在显微镜下可以看到种子表面由斑点、小刺或者小毛孔组成的规则图案：绿沙拉菜子的尖端是黄色的，带有浅色条纹。显微镜的放大倍数越大，观察到的形状和颜色就越令人难以置信。在电子显微镜下，种子变得像奇怪的海洋生物和宇宙的外星生物。种子的形状也各不相同：豆类（种子）是肾形的，豌豆种子是圆形的，绿生菜的种子是长圆形的。

种子是可大可小的容器，里面装着新的植物生命。种子是一个藏宝箱，必须在合适的时间、合适的地点打开宝箱，种子才会发芽。

种子决定着我们能否得到可吃的物质。站在超市满满的货架前，你可能想不到这些食物得来有多艰难。但是，只要自己亲手种一次植物，就会明白其中的不易。

这里看到的是金盏花种子

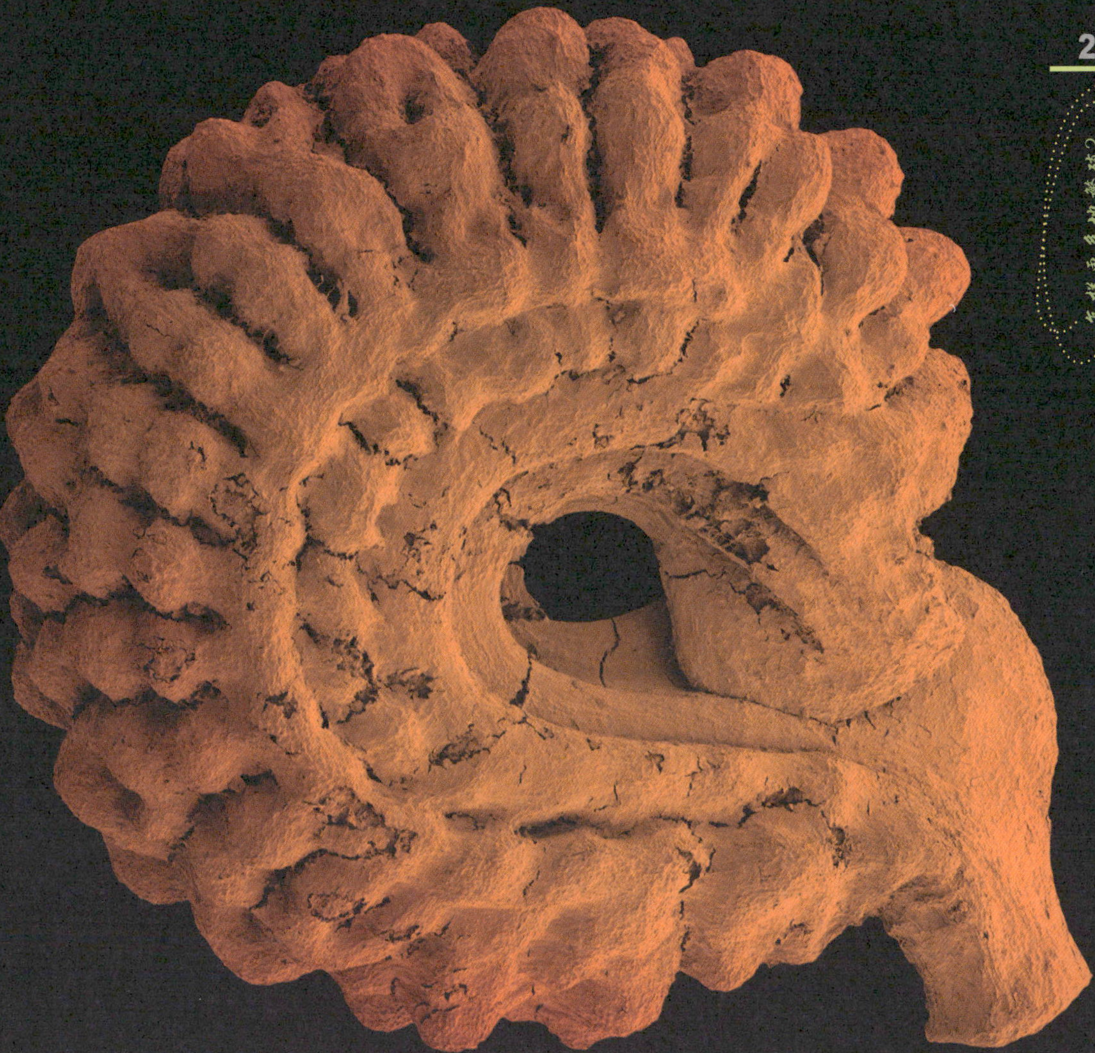

电子显微镜拍摄的金盏花种子图像

紫皮豌豆

欧洲酸樱桃

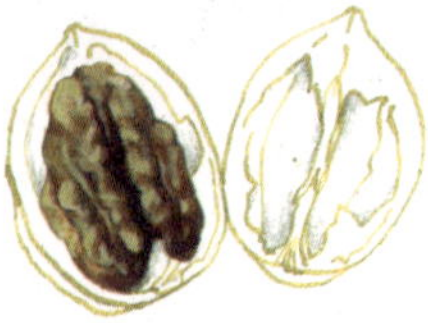

核桃

种子的颜色更是多样的：白菜类种子是黑色的，豌豆种子是鲜绿色的，生菜种子是米色的，豆子种子是色彩斑斓的。

另外，种子还有不同的名字——有不同的称呼。白菜类的蔬菜种子是颗粒，核桃种子是坚果——如同把草莓种子称作草莓子，樱桃的种子是果核，南瓜的种子是有盔甲的果实（盔甲并不坚硬）。豌豆和其他豆类的种子则包在豆荚内。包菜的圆粒种子也会先在荚子里成熟。上百粒罂粟种子长在壳中，成熟干燥后，种子会在壳中沙沙作响。

开花的菠菜

长了种子的蔬菜的外观通常很奇怪。谁能认出一棵开花的萝卜？或一棵开花的菠菜？通常我们在还未结出果实时就吃掉了蔬菜，因为那时的蔬菜鲜嫩好吃。因而，认识开花结子的蔬菜时会觉得很有趣。

种子成熟往往是植物生长周期的最后阶段。一年生植物（如绿生菜）可以长得十分高大，但是随着种子的成熟，植物本身会渐渐干枯。两年生植物（如包菜）第一年只长叶片，第二年才开花，然后逐渐干枯。

芦笋每年长出高高的羽毛状嫩枝，挂着红色浆果，但是到了秋天就会枯萎变干直至死去。次年春天，芦笋又会再次抽枝发芽。芦笋可以经久生长，是多年生植物。

文神库拉的提示

怎样采集播种的种子？请见96页。

开花的红菜头

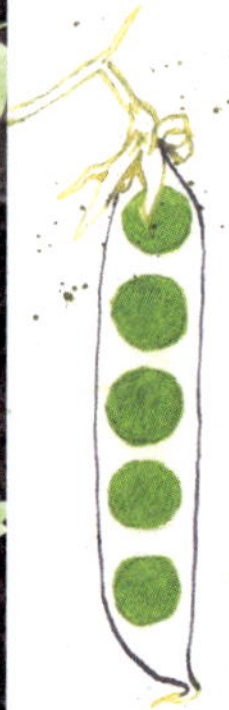

植物的部位

“雄性”部位：雄蕊，由携带孢子的花粉囊和花丝组成

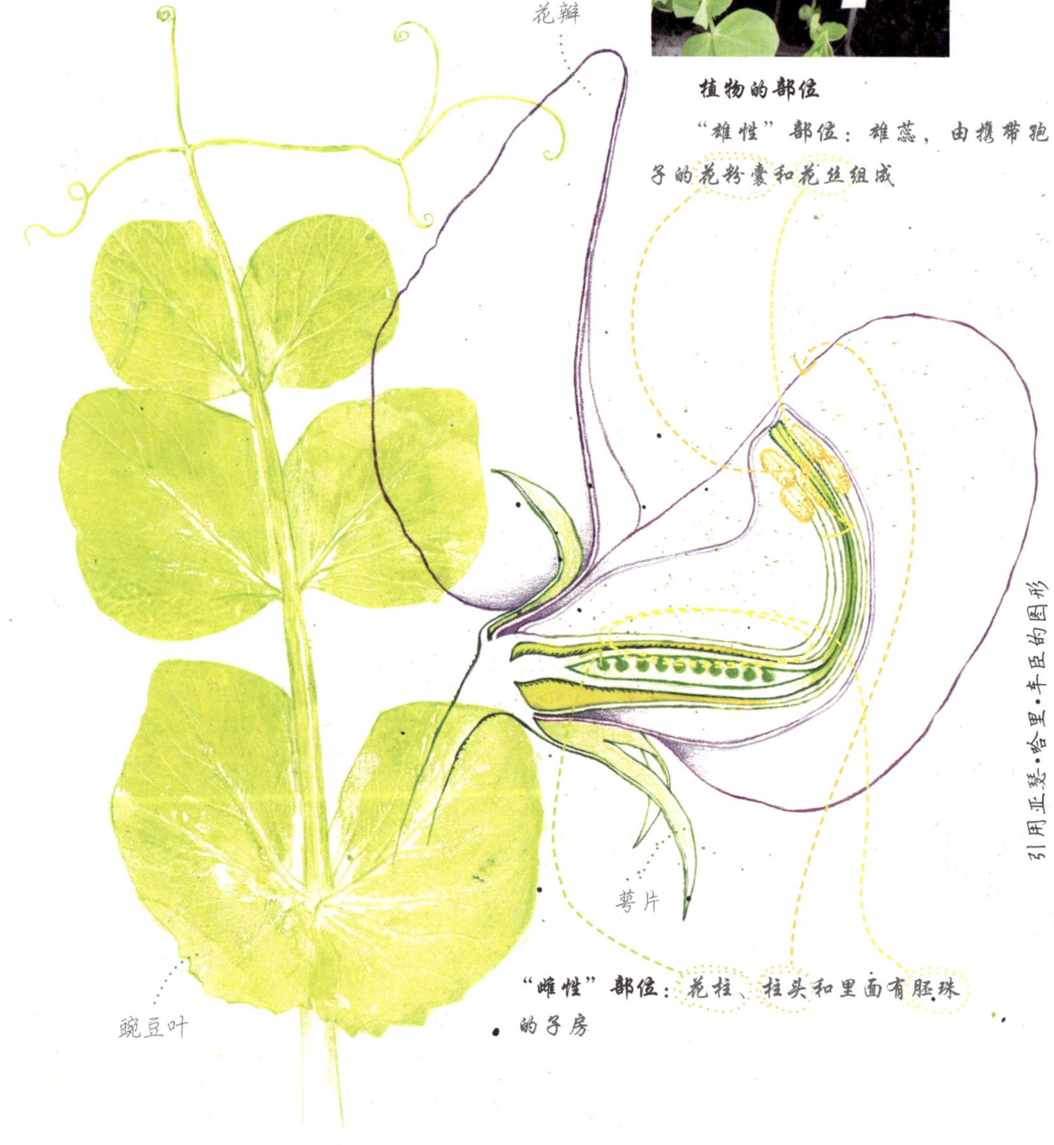

“雌性”部位：花柱、柱头和里面有胚珠的子房

引用亚瑟·哈里·丰臣的图形

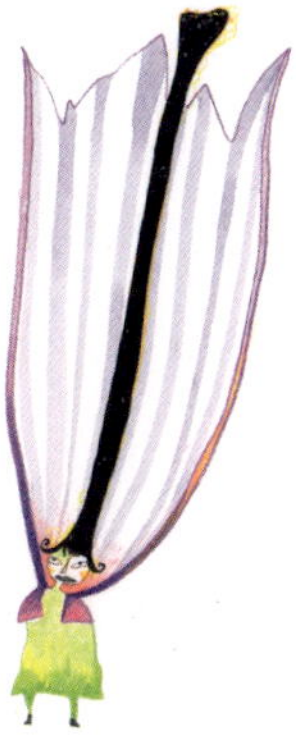

种子的生成

授粉孕育

在暮春时节，或炎热的夏季，大家都听到过黄蜂发出的嗡嗡声，看到过蜜蜂在花间勤劳地飞舞。花朵盛开的樱桃树或覆盖着粉白色花朵的苹果树上，花颤枝摇，有无数授粉者在来来往往。南瓜花、黄瓜花和许多其他花朵间，尽是蜜蜂在匆匆穿梭。

大部分蔬菜和果树是由昆虫授粉的，核桃树和榛子树除外。有些植物（如玉米）借助风来授粉，有些植物能够自花授粉。尽管授粉方式各有不同，但是有一点永远不会变：花粉和胚珠必须结合到一起。

花朵往往在相当微小时就具备了果实或种子的形状。虽然这合乎逻辑，可是仍然令人十分惊奇。豆荚里的豌豆在豌豆花的子房里就存在了。

柱头必须先经过授粉，才能形成种子。昆虫携带花粉，从一朵花飞到另一朵花上，使花粉落到柱头上。授粉后，花粉经花粉通道向下，到达花的子房，里面储藏着胚珠。在子房中发生受精，然后才可以形成果实或种子。**只有经过受精的花，才能长出果实。**

我们对花粉的了解，来自伴随春天一同出现的令人不适的过敏反应。它让很多人过敏，导致目赤鼻塞。但是，如果没有花粉，就没有新种子。

为什么？

为什么一粒种子能生成许多新种子？

在这个罂粟壳中有多少粒种子？

这是十粒种子！

种子计数站

每个圆框范围内有多少粒种子？

花芸豆

白鲸扁豆

西芹

胡萝卜

甜瓜

鹰嘴豆

豌豆

鸦葱

欧芹

杏

罂粟

黄蜜瓜

是长的还是圆的？

四季豆的叶子

豆类植物对霜冻非常敏感，只能在冰神日之后种植。可以在84页和85页上找到有关天气的谚语。

小扁豆、四季豆和豌豆 | 荚果类

由于四季豆和豌豆的种子包裹在豆荚里，所以称其为荚果类。像豌豆和四季豆（碧绿的豆角）一样，有些豆荚也可以食用。豌豆荚可以生吃，与绿色或黄色四季豆荚有很大区别：生的四季豆有毒，因此四季豆只能熟吃。烹熟后的豆角既美味又富有营养。

豆类的种类繁多，颜色从白到黑都有，纹路和斑点的形状各异。有些品种，如博罗特豆的豆荚也尽是斑纹。矮秆四季豆是灌木状矮小植株，不用搭支架即可生长。相比之下，架豆需要搭支架，至少要2米高。大豆在欧洲种在大田里，主要作为动物饲料来种植，不需要搭藤蔓支架。

豌豆分为粮用豌豆（把种子干燥后，3月就可以在户外播种）和菜用豌豆（一般采摘绿色嫩豆荚来食用——荷兰蜜豆，其丝绒样的豆荚可以生食）。

博罗特豆

因为需要温暖的气候，有些豆类不适合在欧洲生长，包括鹰嘴豆等。而有些豆类适合在欧洲大面积栽种，如小扁豆。无论是红色、棕色还是黑色的小扁豆，通过使用合适的机械，都能不费力地从细小的豆荚上收获小扁豆。

所有荚果植物都能改善土壤的含氮量，因而在栽种荚果植物后，其他蔬菜也生长得特别旺盛。

红腰豆
红花菜豆
黑豆
粮用豌豆
小扁豆
紫豌豆
博罗特火焰豆
（彩虹豆）
紫色豆荚
的豌豆
架豆“花皮芸豆”
大豆
矮秆四季豆
矮秆四季豆“开皮东”
鞑靼豆
鹰嘴豆

把采摘的新鲜莴苣缬草生菜叶子在水中泡一下，洗掉泥土。在流动水中彻底清洗干净后，放入网篮中沥干水分

将马铃薯洗干净

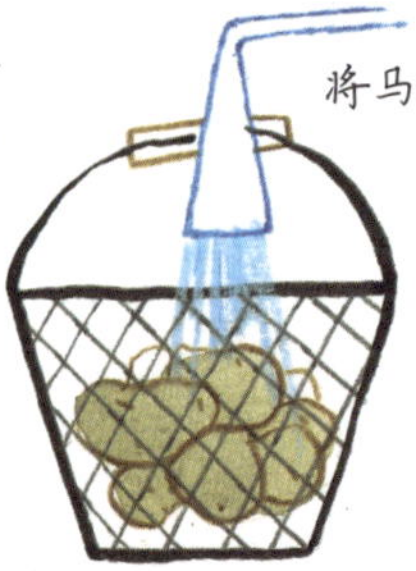

锅中加水，将马铃薯放入锅中煮20~30分钟（适用于中等大小的马铃薯）至熟软

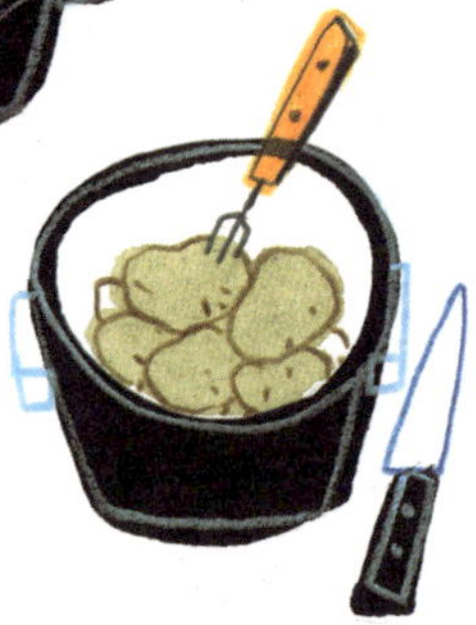

试生熟：用针或叉子能扎透，说明马铃薯已经熟软，捞出马铃薯凉一凉。趁马铃薯还热乎时，用刀刮掉皮

冬日沙拉 | 莴苣缬草沙拉

需要以下食材：*300克马铃薯

*100~150克莴苣缬草生菜

*1颗洋葱*醋*油*食盐*最好准备一些新鲜作料，如香芹和细香葱等

步骤如下：

沙拉酱汁：
把4~6汤勺油、1~3汤勺醋和少许盐混合均匀，倒入沙拉中搅拌均匀

芝麻菜

女神库拉的提示：
用芝麻菜代替莴苣缬草，味道也非常好！

大白菜（十字花科）

从种子的形状可以很清楚地看出沙拉菜包括多个科。请参见第65页的植物的家谱。

沙拉菜 | 叶用蔬菜

我们吃的叶用蔬菜包括多种沙拉菜。可以根据季节划分沙拉菜的种类，每个季节都有不同的沙拉菜。

春、夏两季是采摘或收割叶用沙拉菜的季节。这些沙拉菜不需要长出菜头，它们成行成列地生长，供人们不断采摘和收割菜叶。另外，各种结球莴苣也生长在这两个季节，如莴苣生菜和鳟鱼红点莴苣生菜等，后者因叶片上布满红点而得名。

秋季的沙拉菜是夏季播种的那些品种，如圆锥形球苣。有一种菊苣沙拉菜，喜欢生长在凉爽的黑暗地方。还有一种菊苣是红色菊苣：夏末将其叶子齐根切断，新生长的叶子便是红色的。

冬季有一种名称繁多的沙拉菜：莴苣缬草、野苣、果仁莴苣和长发公主。即使在非常低的温度下，莴苣缬草也生长茁壮。如果不被积雪覆盖，任何时候都可以去收获莴苣缬草。莴苣缬草贴地生长，莲座叶丛，叶为匙形。

叶用沙拉菜的种子（菊科）

是长的还是圆的？

另一种著名的冬季沙拉菜是黄色的黄芽菊苣。先在园子里按正常结球莴苣种植，待秋季时选强壮的植物挖出根，重新种进植物箱，埋上泥土或沙子，切掉茎秆上部的叶片，然后把植物箱放到地下室，或其他阴凉、潮湿且阴暗的地方，让植物（避免霜冻）生长。由于没有光照，菊苣的颜色变得非常浅（苍白）。夏季菊苣的味道比较苦，而冬季菊苣叶是甜的。

芝麻菜（十字花科）

苦菊苣生菜（菊科）

莴苣缬草的种子（败酱科）

旱金莲

琉璃苣

雏菊

炫彩夏日沙拉 | 缤纷夺目

采摘项目：从园子里采集当季的各种食材——一些沙拉菜，如鳟鱼红点莴苣或结球莴苣；再采摘一些红红绿绿的叶子沙拉菜叶，如芝麻菜、旱金莲的花和叶子；也可以采摘小萝卜、胡萝卜来擦丝，还可以采摘一小根西葫芦。 总之，采摘所有你可以找到的，但是不能超过所需要的。清洗采摘到的食材，按需要撕成适当大小。

为了让沙拉的色彩更绚丽，还需要收集各种花朵：琉璃苣花、雏菊、旱金莲花和金盏花。把所有花朵冲洗干净，用厨房纸揩干水分。从琉璃苣和雏菊的花梗处摘取花朵，从金盏花上摘取黄色和橙色的花瓣。取用整个旱金莲的花和叶子，或把花和叶子切成细条。

用一汤匙食醋、两汤匙油和少许食盐（用拇指和食指捏起一撮），再放入一些新鲜香草（如细香葱和香芹），做成混合酱汁，在沙拉中拌匀，即可制成美味的夏日沙拉。

金盏花

芝麻菜

旱金莲叶

结球莴苣

炫彩夏日沙拉的花朵：
美国薄荷
琉璃苣
金盏花
旱金莲

女神库拉的围裙 | 是菠菜绿？还是豌豆绿？或者是柠檬黄？你为女神库拉描绘的围裙有什么纹样和颜色？

开花的菠菜不再适于烹饪，但它能结出种子留作播种。

菠菜 | 叶用蔬菜

菠菜同其他蔬菜一样，也有许多品种。虽然菠菜和牛皮菜不属于同一植物科属，但是在厨房烹饪中，牛皮菜经常被当作菠菜使用。从其种子可以看出，菠菜和牛皮菜属于不同的科。

无论是菠菜、牛皮菜、好亨利滨藜菜（野榆钱菠菜），还是绿色和红色的榆钱菠菜，都可以像菠菜一样烹调。大蒜、奶油和少许肉豆蔻是可以化腐朽为神奇的关键调料。牛皮菜的茎比较硬，烹调所需的时间较长。因此，在烹调时，最好把牛皮菜的叶片和茎分开做。

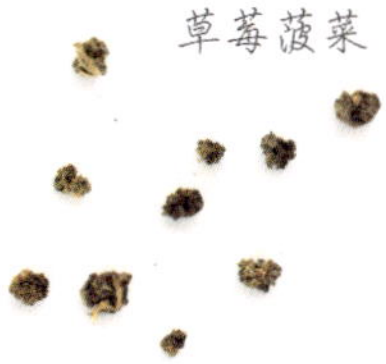

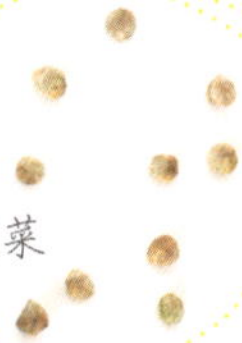

白菜家族

小白菜是来自亚洲的叔叔，在世界各地任何季节都很受欢迎。小白菜的味道清淡，口感脆嫩，其白色部分的味道相对重一些。

白苤蓝和紫苤蓝是孪生兄弟。苤蓝最好生食，不过烹熟后的味道也不错（如果不胡乱搭配黑暗料理的话）。苤蓝在潮湿环境中可以保持新鲜。

从欧洲北部来的表兄弟**西洋芥蓝**，总是一捆捆地出现。由于在欧洲南部几乎没人知道怎样烹调美味的西洋芥蓝，所以西洋芥蓝发布英雄帖，举行食谱擂台大赛。

西蓝花叔叔琢磨着食谱。作为骄傲的意大利人，他想当然地认为自己是食谱大赛的优胜者。他说：“最好的厨师来自我的祖国！”

紫甘蓝和孪生妹妹**白甘蓝**像球一样，越圆便越受喜爱。不同颜色的甘蓝最好分开烹调。

卷心菜大家族的成员众多，分布在世界各地。这里简要介绍卷心菜家族的小成员。

这位小表弟叫作**抱子甘蓝**，他认为自己完全没有受到应有的重视——抱子甘蓝富含维生素C，值得自豪。

在家族中，她被称呼为菜花阿姨，不过作为一个艺术家，她称自己为**花椰菜**。敌视她的人嫌弃她的臭味，而热爱她的粉丝则喜欢她的芬芳。

圆锥卷心菜比紫甘蓝和白甘蓝苗条。几乎每本杂志都在强调要保持身材纤细，圆锥卷心菜就具有这样一个尖顶外形，因而显得有些目中无人。圆锥卷心菜总的来说也是顶尖的卷心菜。

羽衣甘蓝喜欢凉爽的季节，不惧怕寒冷的冬天。他喜欢音乐，能释放维生素。由于花椰菜喜爱温暖，于是和羽衣甘蓝很少同时出现。

包心菜卷 | 洋白菜卷

菜卷需要以下食材： *12片卷心菜叶*1/2升汤或盐水

馅料需要以下食材： *1/2升水*100~125克玉米糙子*食盐*迷迭香、黄油和（或）帕尔玛奶酪（按个人口味定）

步骤如下：

白菜类蔬菜 | 叶用蔬菜和其他蔬菜

我们在菜园里种植的白菜类植物不仅数量多，而且种类也多。所有这些不同的形态都是从单一植物培育出来的。经过培育，有些白菜类长出块根，有的长出圆形或锥形菜头，更有的从每个叶腋处抽生出球状芽，如抱子甘蓝。有的白菜类是叶用蔬菜，如白色甘蓝和紫色甘蓝；有的生出粗壮的根茎，如白色苤蓝和紫色苤蓝等；还有的增大花序，如花椰菜和西蓝花。

由于所有白菜类蔬菜属于一个家族，因此种子的外观都颇为相似，但与人类家庭成员一样：如果家族成员之间能保持一点适当的距离，总是比较妥当的。在菜园里也是如此，植物保持适当间距会长得更茂盛、更茁壮、更健康，并且还能降低发生病虫害的概率。

白菜类是强需肥作物，需要良好的土壤，但不能施用新鲜粪便，否则做菜时炒锅里会冒出相应的气味。另外，为了让植物健康生长，每隔4年就要在同一地方轮作白菜类蔬菜。

谜底

1 食用大黄
2 南瓜
3 灯笼果
4 罂粟
5 睡莲
6 球生菜
7 南瓜
8 红菜头

仿佛破了纪录 | 什么植物最……

1 什么植物的叶子最大？是食用大黄、牛皮菜，还是樱桃？

2 什么植物的藤蔓最长？是豆角、芦笋，还是南瓜？

3 什么植物的果实需要的成熟期最长？是樱桃、灯笼果，还是黑莓？

4 什么植物产生的种子最多？是番茄、胡萝卜，还是罂粟？

5 什么植物的根茎最长？是胡萝卜、鸦葱，还是小红萝卜？

6 什么植物成熟最快？是绿生菜、卷心菜，还是荷兰豆？

7 什么植物最不容易挂果？是西葫芦、茴香，还是南瓜？

8 什么植物的根茎最粗壮？是小红萝卜、红菜头，还是欧防风？

黑萝卜 | 冬季萝卜
芜菁
白萝卜 | 啤酒萝卜
小萝卜
红菜头
鸦葱
芹菜头
欧防风
胡萝卜
黄胡萝卜
香芹根

小萝卜

根茎类蔬菜 | 来自地下的美味

根茎类蔬菜是小能量储藏库。实际上，厚实的根茎本是为植物自身储藏养分的，却让我们人类大加利用并受惠了。

根茎类蔬菜有许多不同的类型和形态。小萝卜的形态有圆的，也有椭圆的；颜色有红的，也有上白下红或全白的。红菜头的形态有圆的，也有长的，有扁的，也有宽的；颜色也是由暗红至奶油白都有，色彩丰富。有的品种的横断切面还有花纹。

一些蔬菜的根适合生吃，如小萝卜或白萝卜；另一些适合熟吃，如香芹根、鸦葱根和欧防风根。可利用盐渍方法保存根茎类蔬菜，如腌菜头等。可以肯定地说，在寒冷的季节里，根茎类蔬菜在饮食中扮演着重要角色。

女神库拉的提示：
不妨动手试做113页的欧防风甜汤。

是长的还是圆的？

植物科属不同，蔬菜的根茎形态不同，种子也形态各异。

可把根茎类蔬菜种在户外，即直接播种在菜畦里。迎合了根茎类蔬菜的喜好和特点，它们才能茁壮成长。一到3月就可以开始播种胡萝卜。小萝卜耐冷不耐热，气温太热就长不出块根，最好在乍冷还寒的春天种植。

红菜头

鸦葱菜畦

文神库拉的提示：
一定要挖去马铃薯变青有毒素的部位。

马铃薯 | 地下苹果

在欧洲，烹饪中使用马铃薯的起步相当晚。最初种植马铃薯是因为其有美丽的花朵。这种来自南美的新事物并不是那么容易就端上了餐桌。而今，我们简直无法想象离开马铃薯会怎样。无论是炸薯片，还是拌薯泥、炸薯条或香芹薯块，马铃薯菜肴都极受欢迎。

马铃薯除了有无数品种外，还有许多颜色，不仅有黄有红，还有紫有蓝。可以把马铃薯分为两种类型：粉质的和脆质的（禁煮的）。经煮制后，粉质马铃薯软烂成泥，可揉成粉团，特别适合做薯团子和炸薯角。

脆质的马铃薯非常适合做沙拉。在蒸煮后，马铃薯仍会保持紧实，容易切片成型。在拌沙拉的过程中，这种马铃薯片还不会粉烂走形。

马铃薯不是有性繁殖的，即用种子繁殖（即使这是可能的），而是无性繁殖的（利用植物的一部分繁殖）。马铃薯是通过块茎（根茎的一部分），即马铃薯本身进行繁殖的。可选择最肥大且芽眼最多的马铃薯留作来年的种薯。届时，把整个马铃薯切成至少有两个芽眼（薯块上的凹陷处）的薯块，埋进土壤中。

马铃薯在欧洲，尤其在寒冷的地区生长良好。其实，最美味的马铃薯就长在自家菜园里。

观察马铃薯的生长

如上图所示，把牙签插入马铃薯中，架在玻璃水杯上，使得马铃薯的上部露出，下部深入玻璃杯，并给以后长出的根芽留出空间。然后用水填满玻璃杯，注意确保马铃薯浸入水中。

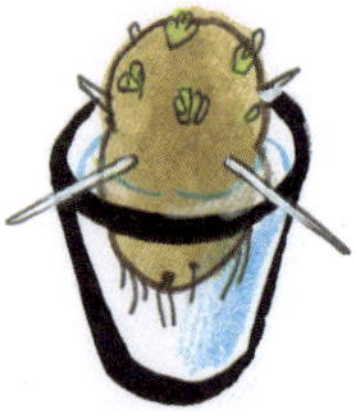

现在，只需把马铃薯和玻璃杯放在明亮处，耐心等待即可。一个星期后，可以看见马铃薯长出了根，芽眼处长出了幼芽。

不久后，可见幼芽长成薯秧。

马铃薯的种植

发芽：在一个纸板箱里，并排放一层马铃薯，把纸板箱在明亮处放置1~2个星期（温度控制在10~15℃较好，且无直射阳光）。

把已发芽或还没发芽的马铃薯，按行列种植进土壤。株距为30~35厘米，栽种深度为5~10厘米。

马铃薯的芽眼会迅速发芽，能看见绿芽钻出土壤。此时，要注意保持菜畦无杂草，精心耕地除草。

按需要可以进行多次培土（用土壤埋）至长出绿色叶鞘，植物地下根系形成结节——新马铃薯，且先前栽种的种薯消失。

一旦马铃薯秧进入枯萎衰老期就可以收获了。一定要把马铃薯存放在阴凉且黑暗的地方，否则马铃薯会生出绿斑，产生毒素（龙葵素）。

马铃薯篮子 | 简单而巧妙

食材：

- *1个大马铃薯
- *每个篮子7~11根牙签
- *1/4升油
- *少许盐

是长的还是圆的？

小心，辛辣 | 葱亚科

所有葱亚科植物都喜爱温暖的气候，在阴影处无法茁壮成长。葱亚科植物的味道或轻或重皆辛辣，是美食中不可或缺的部分。可以用一瓣蒜或其种子来繁殖大蒜——在栽种的次年会收获一头大蒜。

洋葱是用种子繁殖的，它有许多品种的洋葱种子可供选用。如果用扦插小洋葱的方法繁殖，则可较早收获，但可供选择的品种要少得多。在种植过程中，最重要的是保持菜畦无杂草。

洋葱、韭葱和红葱头是一年生植物，可在被种植的同一年收获。多年生的植物是楼子葱、细香葱和大葱，只可收割绿色的葱管。而楼子葱可以在春天收割绿色葱管，辛辣的小洋葱则可在夏天摘取。

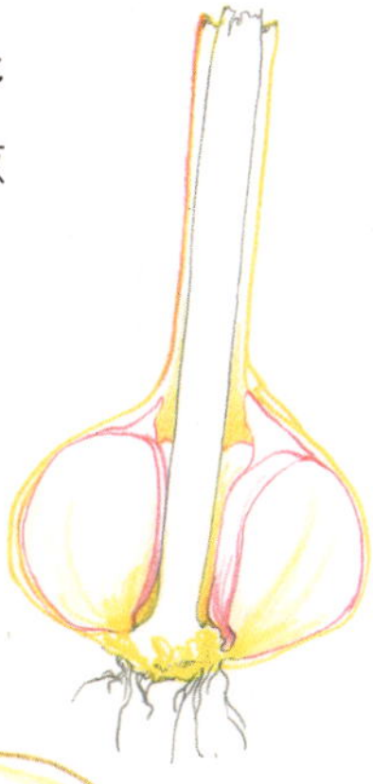

洋葱和细香葱的叶子是空心管状的，而大蒜和韭葱的叶子是扁平状的。

为什么？

为什么草莓的种子长在外面，而南瓜的种子藏在瓜皮里？

为什么南瓜的窄端连着瓜藤，而草莓的最宽处连着茎？

白色南瓜
黄瓜
西葫芦
茄子

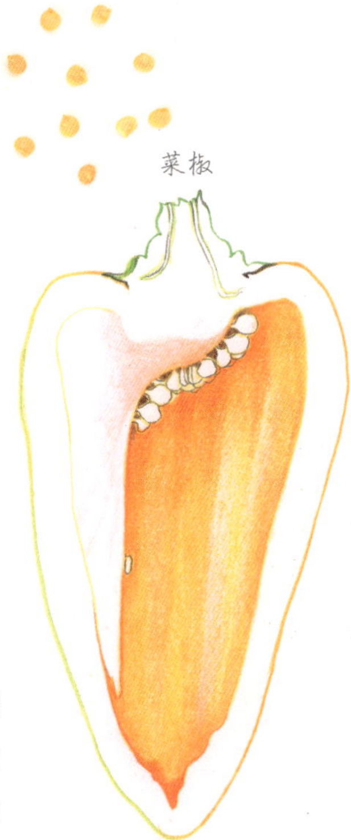

文神库拉的提示：
请参阅76页美味的苏格酱汁食谱。

是长的还是圆的？

果实类蔬菜 | 喜爱温暖气候的植物

果实类蔬菜被用于称呼可开花结果的蔬菜。果实类蔬菜首先得生长出一棵植物，植物授粉后，花脱落，子房发育成为果实，如南瓜或黄瓜。我们吃的美味瓜果就是植物的果实部分。

果肉，如多汁的黄瓜果肉或软绵的茄子果肉会包裹着种子。若要获得能够播种的种子，则果实必须完全成熟。

果实类蔬菜包括多种不同的植物科属，既有茄科的番茄和菜椒，也有葫芦科的黄瓜。

所有果实类蔬菜都喜欢温暖的气候，成熟期相对较长，所以通常从3月开始就要防霜冻。只有这样，果实类蔬菜才可以在我们所处的纬度上在7月或8月适时成熟。在8月份的夜里，气温已经过凉，成熟期会推迟，造成果实青绿不熟。菜农常常把番茄连根拔出土壤，倒悬于室内，让留下的果实成熟。

每个科属内都有多种不同的形态。以番茄为例，有大有小，有圆形，有梨形，颜色有黄、红、紫、粉之分，肉质有的适合做酱汁，粉软多肉，有的适合做沙拉，鲜嫩多汁。甚至还可以种出有条纹的番茄“绿斑马”。

桃子

浆果、水果和香草

柠檬香蜂草

对以上植物进行纯种繁殖有多种技术。例如，从博斯科普苹果的种子中会繁殖出完全不同的苹果。因此，人类发现了特别的繁殖方法，这里介绍几种可行的方法。

扦插是繁殖醋栗（茶藨子）和葡萄的好方法。在春季，剪一段生长旺盛的枝条（枝条长约30厘米，在下端节点之前、上端节点之后剪断），把枝条的2/3倾斜插入地下（注意不能颠倒上方和下方，小提示：下端直切，上端斜切），扦插的这段枝条上就会长出茁壮的相同植物。

多年生香草和作料常常形成大块宿根，如香蜂草。为了让其繁殖，可在春天直接用铲子把宿根分为数块，种进土壤，植物就会在新鲜泥土里旺盛生长。如果宿根多年保持种在同一地点，就会木化变稀疏。

埋根法也是繁殖的一种方式，如鹅莓和黑莓的繁殖。如果把茶藨子的枝条折向地面，用土覆盖，并用石头压住，就很容易萌出新芽。重要的是，提供水分保持湿润，不久后埋压处就能长出根茎。在冬季到来前，或次年春季，可以把埋根的枝条在母灌木侧切断，并移植。黑莓可自行完成同样的事情：长藤蔓的末端匍匐在地面，如果条件合适，黑莓就会在那里生根。可以用钩子固定藤蔓，进一步辅助黑莓埋根成活。

埋根法

黑莓

杏

苹果的果核和叶子

草莓能分生出匍匐茎苗。母株向四面八方伸展出匍匐茎，贴在地面上，继而簇生出叶和根茎。新生的匍匐茎苗继续抽生匍匐茎，如此延续，母株在一年内会抽生出许多新生子株芽。如果要种植新的草莓畦，就要选用匍匐茎离母株最近的株芽，也被称作头子株芽的最强壮苗子。为了更容易繁殖，可把一个装满泥土的盆放在匍匐茎下沉地面的地方，用钩子轻轻固定生出的株芽。然后等待植物生根后再切断。

嫁接 | 移花接木

把不同树木的枝条连接在一起，可成为新的植株。嫁接在一起的两种植物必须相配，如核果类与核果类相嫁接

与母株的连接可继续养护草莓幼苗，直到幼株在新的位置成活。也可以利用草莓长在多汁附果里的种子——草莓子繁殖草莓。

野草莓的结果期从春天一直延续到秋天

草莓的匍匐茎

女神库拉的提示：
用放大镜去看花朵，能看得更加清楚。

分类 | 植物的科属

如果把胡萝卜和苹果，或南瓜和欧防风的种子进行比较，你一眼就会看出：种子的形状各不相同。这是为什么呢？

经过漫长的演化，植物形成了不同的科属，选择了不同的“传输工具”传播各自的种子。像风“陪伴”蒲公英的种子一样，借助风力传播的种子通常都很轻，有利于飞翔。这类植物的种子常常还有帮助其飞行的装备，如蒲公英种子的顶部有一个像小螺旋桨一样的东西。挂住动物的毛皮或裤子面料的种子经常有小钩棘，人的肉眼几乎看不到。那些选择水为传输介质的种子，其外壳也必有相应的构造。

植物就是这样，让种子的形状和质地去适应传播条件。

人类很难注意到种子形状的差别，但很容易看到花朵的。植物的花朵也是不同的，花朵的形状决定了人类对植物的分类。伞形科、蔷薇科和菊科都有不同的花序。借助花序的形状，数代植物科学家把植物划分成不同的科属。

植物的家谱 | 一览表

蔬菜的科属

植物范例:

败酱科: 莴苣缬草

伞形科: 莳萝、茴香、胡萝卜、峨参、芫荽、葛缕子、欧防风、香芹和西芹

苋科: 苋菜

藜亚科: 莙荙菜、好亨利滨藜菜、红菜头、菠菜和甜菜头

蓼科: 荞麦和食用大黄

菊科: 洋蓟、苦苣、蒜叶婆罗门参、结球红菊苣、绿生菜、鸦葱、向日葵和白芽球菊苣

十字花科: 所有白菜类、秋萝卜、芜菁、水萝卜、白萝卜和芝麻菜

葫芦科: 黄瓜、南瓜、洋香瓜、西葫芦和甜瓜

百合科: 大蒜、韭葱、细香葱、芦笋和各种葱头

唇形花科: 迷迭香、鼠尾草、百里香和神香草

罂粟科: 罂粟

茄科: 灯笼果、马铃薯、菜椒、番茄、尖椒和茄子

蝶形花科: 豆类、荷兰蜜豆、鹰嘴豆、小扁豆、羽扇豆和大豆

果树的科属

山毛榉科: 栗树和核桃树

桑科: 无花果树和桑树

蔷薇科: 苹果树、梨树、黑莓、山楂、草莓、树莓、樱桃、扁桃、杏、花楸树、欧楂、李子、黑刺李、野花楸、桃树、欧洲酸樱桃、欧洲花楸

茶藨子科: 红色和黑色茶藨子

谷物的科属

禾本科: 斯佩尔特小麦、小米、玉米、黑麦和普通小麦

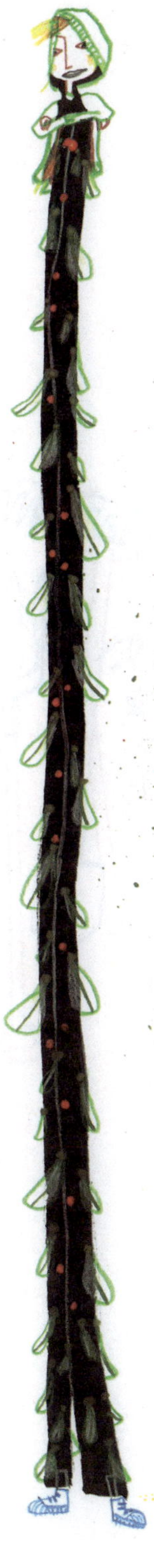

生长，生长，生长！

春日里的ABC

春天万象更新，终于可以让保暖的衣服去度假了。最晚也不过5月15日，等待最后一位冰神——苏菲也离去了，就可以把对霜冻敏感的植物种到户外了。

中国谚语：
哪里有什么坏天气，不过是穿错衣服而已。
诸位冰神
1. 玛美多
2. 庞加爵
3. 瑟法斯
4. 苏菲
5月15日
春天的气息
美妙五月春风起，
吹绿树木换新衣
山茶花
哪个国家种植和售卖的郁金香最多?
瓦伦丁——奇怪极了
满怀欣喜
春分这天，
白天和夜晚
一样长
红萝卜
柠檬黄色的
钩粉蝶

这些蔬菜互相兼容

友好睦邻 | 还是坏邻居?

就像人类比邻而居一样，有些邻居友好一些，有些邻居相互敌视。这种邻里关系也存在于植物之间。其实大自然早已清楚地告诉了我们这个关系，否则，每种植物都会彼此相邻，遍地生长了。但是，以我们的经验来看，事情完全不是这样。

在菜园里也必须注意植物的相容性。植物的混植（让哪些蔬菜相邻种植）十分重要。如果能做记录，你可能会轻易发现某种植物在某地长势繁茂与否的原因。

如同人类，也有“随和”的植物——处世中立，可以与任何蔬菜一起栽培。这样的蔬菜有野胡萝卜、胡萝卜、莙荙菜、鸦葱、菊苣生菜（苦苣、圆锥叶球苣和黄芽菊苣）、西葫芦、南瓜和草莓。

改善土质植物——金盏花和万寿菊也可随意到处间种，而且一眼望去还十分漂亮。

睦邻 | 一览表

和谐睦邻—相互干扰邻居

矮秆四季豆、架豆：冬香薄荷、白菜类蔬菜、生菜、红菜头和芹菜—荷兰豆、茴香、韭葱、大蒜和洋葱

荷兰豆：茴香、黄瓜、胡萝卜、大白菜类蔬菜、苤蓝、南瓜、欧防风、生菜和西葫芦—豆角、马铃薯、大蒜、韭葱、番茄和洋葱

茴香：苦苣、荷兰豆、黄瓜和生菜—豆角和番茄

黄瓜：豆角、莳萝、荷兰豆、大蒜、苤蓝、葛缕子、韭葱、玉米、生菜、西葫芦和生菜—灯笼果、小红萝卜、白萝卜和番茄

胡萝卜：莳萝、细香葱、万寿菊（可防线虫）和洋葱

马铃薯：白菜类蔬菜、葛缕子、玉米、金盏花、菠菜和万寿菊（可防线虫）—灯笼果、荷兰豆、黄瓜、南瓜、菜椒、尖椒、芹菜和番茄

大蒜：草莓（防止灰霉病）、黄瓜、胡萝卜、番茄和红菜头—豆角、荷兰豆、番茄、白菜类蔬菜

白菜类蔬菜：矮秆四季豆、苦苣、荷兰豆、马铃薯、番茄、红菜头、生菜、芹菜和菠菜—大蒜、芥末苗（作为绿肥）和洋葱

南瓜和西葫芦：玉米、生菜、架豆和洋葱

韭葱：胡萝卜、番茄、香芹、生菜和鸦葱—豆角、荷兰豆和芹菜

玉米（甜玉米）：黄瓜、南瓜、胡萝卜、番茄、生菜和西葫芦—红菜头和芹菜

番茄：矮秆四季豆、旱金莲、峨参、大蒜、白菜类蔬菜（尤其是高大的蔬菜）、韭葱、香芹、小红萝卜、白萝卜、生菜、菠菜、万寿菊和菊苣生菜—灯笼果、草莓、茴香、黄瓜、马铃薯和菜椒

小红萝卜和白萝卜：豆角、莳萝、荷兰豆、胡萝卜、白菜类蔬菜、君达菜、生菜和菠菜—黄瓜

鸦葱：大蒜、韭葱、生菜、细香葱、洋葱

生菜（各种可采摘收割的叶菜或球菜）：豆角、莳萝、荷兰豆、茴香、黄瓜、胡萝卜、峨参、白菜类蔬菜、韭葱、玉米、番茄、小红萝卜、白萝卜、红菜头、鸦葱、菊苣生菜和洋葱—香芹和芹菜

洋葱：冬香薄荷、莳萝、黄瓜、胡萝卜、葛缕子、红菜头、生菜和鸦葱—豆角、荷兰豆和所有白菜类蔬菜

早在2月或3月，女神库拉就开始进行播种了。她一边把每种植物单独种在一个盆里，一边标记得清清楚楚。

育秧 | 番茄

室外仍然是冰雪世界，但女神库拉已经拿出精心保存的种子来种植了。喜温的植物如番茄、南瓜和西葫芦，成熟、结果需要较长时间。因此，在可以移种到户外以前，把种子播种在花盆里，放在无霜冻的地方培育。

把播种土壤填满小碗或小盆，平整土壤，与口平齐。往土上撒落多粒种子，把种子压实入土，然后覆盖上土壤。经验法则：种子有多高就覆盖多厚的土。然后浇水，可用喷头喷水，以控制水量防止过湿。

在明亮而温暖的地方，用透明塑料罩在盆上有助于植物出芽，没有罩子也可以。几天到一个星期以后，就会出现首对绿芽尖角——子叶，也即首先萌发的两片叶子。番茄的子叶窄且细长。第一对“真正的”叶子外表明显不同。如果第一对叶片完全形成，则可在中间看到下一对叶片。

这时就可以将幼苗分开了，把一株株植物单独种植在大花盆里，有助于它们更茁壮地抽枝长叶，这就是所谓的分株移植。

番茄苗一直这样生长在新盆中，直至移植到菜畦。至4月下旬，可以逐渐锻炼植物经受户外环境的能力。最好从一个温暖的阴天开始。否则，植物突然遭到阳光照射，会被“晒伤”——叶子变成棕色。但到了晚上，要把盆栽再放回到无霜冻的地方。

文神库拉的提示：
在74页和75页可以学到怎样自己动手折叠育苗小盆。

移植

准备花盆或折叠的纸盆，尺寸为：10厘米高，7厘米×7厘米的开口。底部填入约1厘米厚的土壤。

把细嫩的植物苗小心放入花盆或纸盒中，直到子叶位于盆缘下1厘米。

在植物周围小心地埋上土壤，轻轻按压，使植物能够独自竖立。

把土填至子叶部分，立即浇水。如果种植的番茄有多个品种，注意做好标签。

这个时期的植物喜欢充足的光线和温暖的环境。不久就会长出下一对叶子。不要把植物放得过近，植物叶片需要足够的伸展空间。

生长，生长，生长！

所需材料：旧报纸，最好不是彩色印刷（不是杂志用纸）的报纸。对于播种用小纸盆，采用的是尺寸约为21厘米×30厘米的报纸，成品尺寸约为4厘米×4厘米×6厘米。

若要折叠分株（移植）用的纸盒，则用较大的纸，需要的报纸尺寸约为30厘米×45厘米，成品尺寸约为6厘米×6厘米×8厘米。

育苗小盆 | 纸质

制作步骤

1. 如左下图所示把报纸对折。
2. 再对折一下，折成窄长方形，然后展开纸张（成双层纸），留下折痕。
3. 如左下图所示对折。
4. 这时转一下折纸，使对折边从右侧转到下方。
5. 把右角如下图所示折向中间，然后展开，留下折痕。左角做同样操作。
6. 把左、右两角在折痕处向内折入纸张中间。
7. 把右边如左下图所示在虚线处折向中线，然后继续按虚线折向中线。
8. 左边做同样操作。
9. 把折纸翻面，同样把两边在虚线处向中线折两折。
10. 把上部按虚线往下翻折，用力按压。
11. 另一面做同样操作。
12. 用手指撑开小盒，把底部向盒子内按压。
13. 用手指从内侧压平盒子两侧。

至此一个育苗小纸盒就折好了。

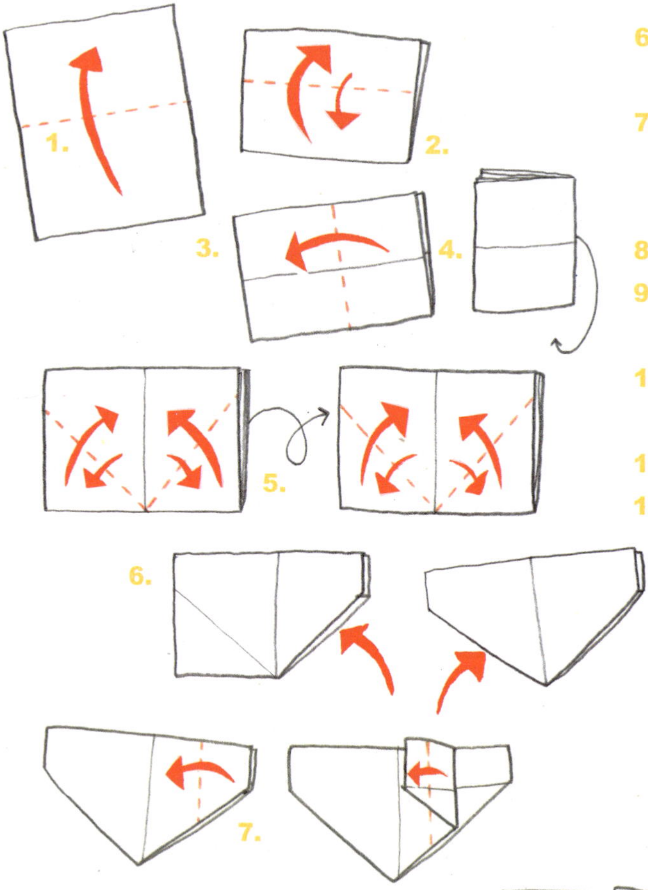

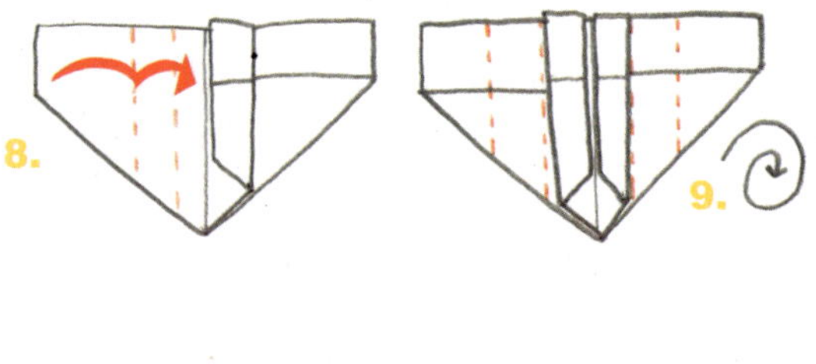

之后，纸质花盆会在潮湿的泥土中分解，不影响植物根茎的生长，从而可让移植到户外的植物损耗减至最小。

许多蔬菜和花朵不耐霜寒，在低温下会冻伤。直到5月中旬，直到传说的诸位冰神离开以前，它们都有在夜晚发生霜冻的危险。过了这个时间以后，才可把对霜冻敏感的植物种植到户外。如果为了能够尽早收获，就需要在人工保温条件下培育秧苗。如此才能避开寒冷的天气，让喜欢温暖气候的蔬菜成熟。

植物盆大多是由塑料制成的，虽然也有陶土的，但已经不太常见。为了尽量（或完全）抛弃塑料制品，我们建议利用低成本的报纸折叠小植物盆或微型盆。这样折叠出来的纸盆可以连同盛装的植物一起直接移植到土壤里。纸盆随着时间会逐渐分解，植物根茎可以继续生长，不受任何限制。

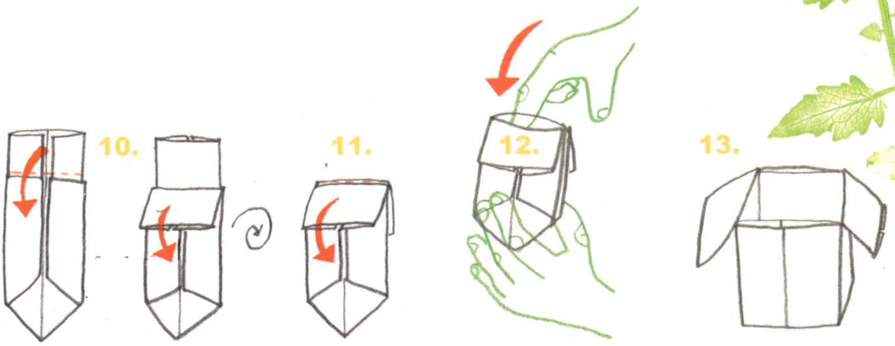

女神库拉的提示：
用从菜畦采摘的新鲜番茄可煮出最美味的苏格酱汁。

美味的苏格酱汁 | 鲜美无比

最好采用从菜畦采摘的新鲜食材：*1/2升汤或盐水*1千克新鲜番茄*1颗洋葱*几颗大蒜瓣（会更加提味）*少许盐和胡椒*以下各种香草各1大捧：罗勒、迷迭香、马郁兰和欧当归等

果昔 | 果香浓郁或辛香可口

红色的： *1/2升脱脂奶，或者1/4升酸奶*至少一大捧树莓，或者其他当季水果（水果应尽量采用新鲜的）*奶果混合搅拌后，果昔过稠，可酌情加一些水来稀释。

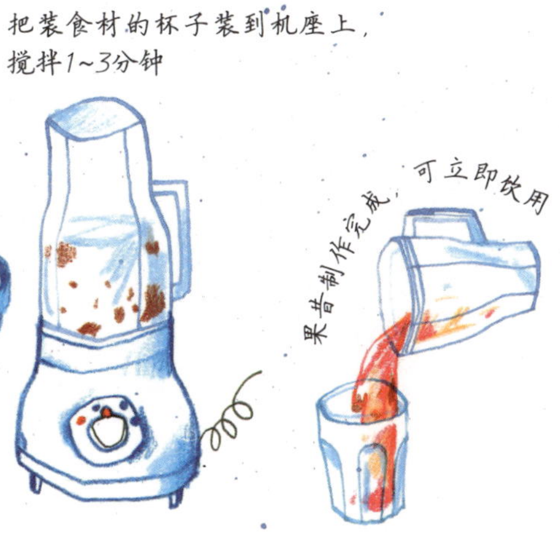

绿色的： *1/4升水或浓酸奶*一大捧柠檬蜂香草（应尽量采用新鲜的）

将菠菜叶和水混合搅拌
可以制成碧绿的果昔。

生长，生长，生长！

文神库拉的提示：
应提前做好园地规划，在88页和89页能找到好建议。

直接播种 | 在菜畦播种

一旦大地稍稍回暖，气温达到约8℃，就可以在菜畦播下第一粒种子了。通常从3月开始就可以播种粮用豌豆了，也可以播种胡萝卜。香芹和莴苣缬草更是喜欢凉爽的气候，小水萝卜在年初长得比在炎热的夏天更好。

播种有不同的排列方式。豌豆和豆角可播种在穴内，而叶用生菜可成行播种。需要很大空间的植物，如结球生菜等，要间错位置播种。下图展示了各种播种排列方式。

叶用蔬菜类播种采用条播

豆类播种采用穴播

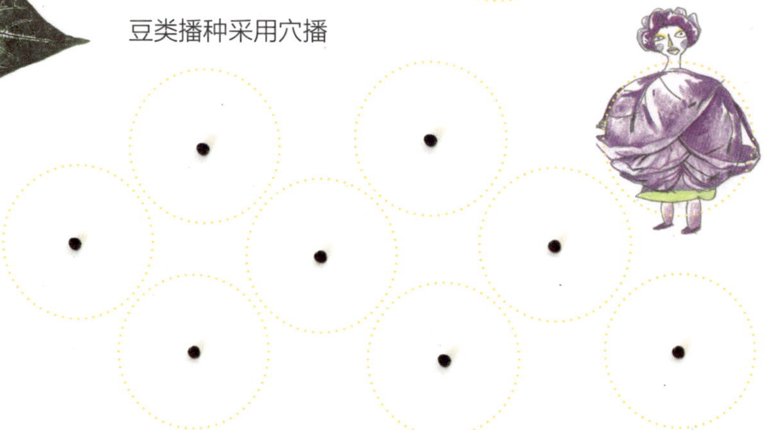

大白菜、圆白菜和结球生菜需要很大的空间，通常采取的是斜向穴播的方法，十字交叉相互错开，间距为40~50厘米。一定要用有机腐殖物覆盖根部。

猜谜顺口溜

1 邻家园里招人爱，
无须久待红透紫。
挂满一树甜香梦，
引人驻足馋欲滴……

2 适合种在草莓园，
助你止咳平患疾。
莎拉嫌它太辛辣，
奥特强咽不得已。
苏格酱汁番茄汤，
适口雨果心欢喜。
檐下干燥悬数挂，
摘颗辣……来切丝。

3 从来长在口袋里，
有红有绿色彩多。
缠来绕去爬满架，
烹调蒸煮有效果。
吃完……虚恭多。

4 妈妈乐欢天喜地，
爸爸愁人流如潮。
立刻启程去旅游，
天气晴朗格外娇。
来到船上人头涌，
只缘……面包。

5 明媚红艳心心念，
时时刻刻不了情。
因此请问小丽兹，
分享小红……缨。

6 妈妈喜欢加点盐，
爸爸烹炒猪油拌。
丽兹喜喝蔬菜汤，
哈尔种了一大片。
头顶总带绿缨缨，
毫无疑问是……

7 叶子时平时翻卷，
哪个模样最美丽？
婉婉转转上餐桌，
大嚼小妹奥蒂莉。
什锦蔬菜拌沙拉，
香……惹味香无敌。

8 细细切拌葛缕子，
横七竖八入腌缸。
赤脚缸上踩几踩，
层层压紧才恰当。
啥在地窖扑哧响？
定是酸……发酵忙。

9 夏天里来热汗流，
游泳池中度时光。
无人待在房间里，
菜园豆角爬上房。
这时此物渐成熟，
香郁……送清凉。

10 伊娜有许多奇癖，
最喜搜罗名贵衣。
菜园种着红葱头，
吃根胡……心欢喜。

谜底：1.樱桃｜2.洋葱｜3.豆子｜4.葛缕子｜5.小红萝卜｜6.苤蓝｜7.香芹｜8.德国酸菜苤蓝｜9.甜瓜｜10.胡萝卜

一年生｜番茄

播种：3月在户内播种｜**发芽时间：**约一星期

分株移植：长出第一片"真叶"以后

移植户外：5月中旬以后

收获：只要果熟即可收获，依品种不同，可有红、黄、紫和彩条等各种颜色｜趁新鲜享用

存储性：可储存数天至数星期不等

如何留种：选择最丰硕的果实取种

两年生｜胡萝卜

播种：3~7月在户外播种｜**发芽时间：**可至3个星期

分株间苗：待每株植物长出数片叶子以后

收获：在夏季待根茎长得足够大时

存储性：至秋天可埋在土壤里至成熟，可存储整个冬季

如何留种：胡萝卜至第二年开花结子后会枯萎死亡，留取其子即可

多年生｜芦笋

繁殖：多年生芦笋可通过播种繁殖和分割根茎繁殖

收获：根茎每年都会长出新嫩茎，3~6月可收割煮食

如何留种：芦笋继续生长，开花，结出红色浆果，此时留种即可

在5月里，绿色芦笋生长出嫩茎

一年生、两年生和多年生

一年生植物是指那些在同一年结出种子的植物，包括番茄和向日葵。最好选取多个果实的种子作播种用。用上年块茎繁殖的马铃薯也属于一年生植物。

两年生植物在第一年生成叶和根。无论是白菜、卷心菜和鸦葱，还是红菜头和胡萝卜，都是在第二年才开花的。非常重要的一点是，不要把最漂亮、最健壮的蔬果吃掉，而应留下育种用。如果只使用最弱的植物育种，则得到的植物会更加弱。所以，绝不能吝啬种子。

许多香草和辛香作料的生命周期超过两年以上，即为多年生植物，年年重新发出新枝芽。芦笋和大黄就属于这类植物。

生长，生长，生长！

在春季，芦笋的根茎生发出许多新芽。绿芦笋只收割并食用冒出土壤的部分，绿芦笋不但味道鲜美，而且相对从土中掘出的白芦笋来说，省去了削皮的麻烦。到了6月底，就不要再收割芦笋了，以便植物能恢复元气，在来年可以生长出更多芦笋。

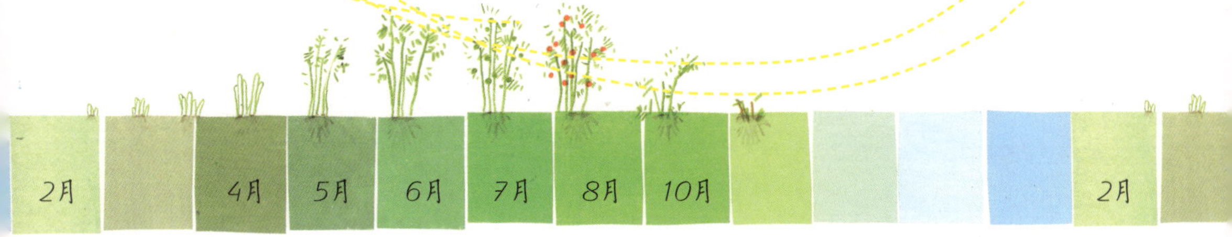

文神库拉的提示：
在121页有许多按月份排列的建议，会告诉你何时播种、何时移栽。

生长得快，还是慢？

有些蔬菜的生长速度非常快，很快就能收获。叶用生菜无疑能赢得这场速度比赛，因为它只长叶子，无须形成主芯（菜头）。播种后，只要两个星期就可以长出新鲜生菜。

有的蔬果则长得非常慢，如种下灯笼果后，要等待8个月才能收获。尽管早在有冰霜时就已播种育苗，但也要等到夏末果实成熟才可以收获。不过，等待很值得，灯笼果相当可口。

果树生长得更慢，需要好几年，直到长得足够高大时才能结出果实。

由于一些蔬菜和水果植物有相当长的生长期（播种到成熟的时间），故可把植物先播种在盆里，即使户外的温度还在零下，植物也能在无霜区域成长。借此能够让喜温的植物避开寒冷，使我们尽早取得收获。这种方法被称作育苗。在5月中旬，就可以把具有“预先生长优势”的植物移植到户外了。

西葫芦、茄子、番茄、冬瓜、南瓜、辣椒和灯笼果，以及许多甘蓝品种通常可在盆中育苗。

生菜 | 快，快！

播种：一旦地表温度足够高，就可在户外播种

发芽时间：几天（注意，菜苗是蜗牛最喜欢的食物）

收获：待菜叶长得足够大，即可随时采摘。只需两个星期，就可以收获叶用生菜。结球生菜需要约3个星期

存储性：只可储存几天。生菜最好吃新鲜的，现摘现吃

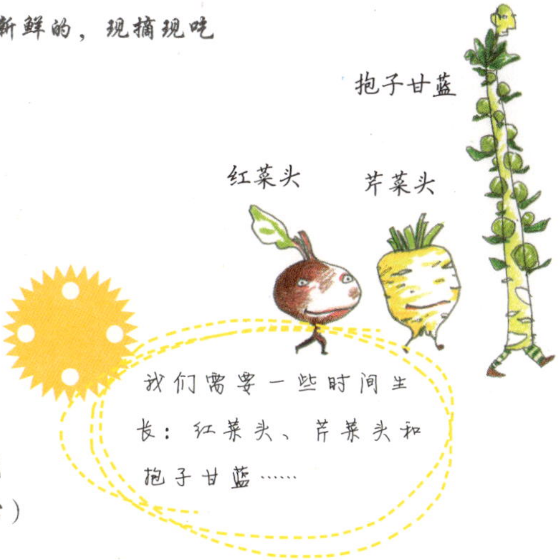

灯笼果 | 需要时间成熟

播种：1月底~2月初，在户内进行盆栽

发芽时间：2~3个星期（一定要有耐心）

移植户外：5月中旬以后

收获：8月以后，直到霜降。成长周期相当长，至少需要7个月

存储性：可储存几星期，非常美味

女神库拉的提示：
如果大脑记不全，可以记录在日历上，方便随时查阅。

天气谚语和关键日

对农民来说，选择最佳时机播种和收获，是取得丰收的关键。由于收成是决定生存与否的重要问题，因此农民会密切关注天气。天气谚语源于农民的经验。其中一个个重要的关键日也许很灵验，也或者并不灵验。经气象学家验证发现，天气谚语的规则往往是正确的。

1月5日　保罗归信日——前半个冬天度过了，后半个冬天在微笑。

1月20日　在教宗法比盎和圣巴斯弟盎日，真正的冬天开始了。

1月22日　文森特日——如果这天阳光灿烂，葡萄酒溢谷仓满。

2月2日　圣烛节这天为人类、狗儿和鸟儿延长一小时。如果圣烛节这天天气晴朗，冬天就会特别长。如果这天有暴风雪，春天一定不会远。

3月17日　葛特露德开耕园地乐呵呵。

3月23日　如果想要稻谷丰、洋葱大和豌豆茁壮，就请在圣·本笃日播种。

3月27日　圣鲁伯特日天放晴，整个七月天晶莹。

4月4日　安波罗修日种豌豆，豆荚丰茂豆泥厚。

4月30日　沃普尔吉斯之夜下大雨，五谷丰登满集圩。

四月天，四月天，阴晴万变如等闲。

四月阴雨天气寒，稻谷飘香望无边。

五月无乾土，六月火烧埔。

庞加爵、瑟法斯和博尼法齐是3个冷若冰霜的凶徒。最后千万不要忘记寒冷的冰神苏菲。

五月雨淋淋，一年有吃不愁薪。

六月风和伴日丽，九月清爽温如意。

6月24日　施洗约翰日，邀请冬天慢逦迤。

过了六月不播种，全部送到炉火中。

7月22日　玛达肋纳为耶稣哭泣，天公亦悲雨淋漓。

七月大热如火炙，九月天高碧如洗。

七月雨水多，冲走好收获。

7月24日~8月23日　三伏（狗日）热浪翻，冬天绵长冰雪寒。

8月15日　若想红菜头大又甜，赶在圣母蒙召升天日，播下种子盼尝鲜。

8月28日　过了奥古斯丁日，温暖天气渐消失。

九月到，秋风起。

九月一，美如画，一秋艳阳清风里。

5月15日（冰神苏菲）是最重要的天气关键日之一，在这一天之前，（晚上）都可能有霜冻，会冻伤幼小的植物。如果植物被冻伤了，必须重新播种。

天空点点繁星闪，
夜里常常刺骨寒。

只观门前水淫淫，
不表他乡雨淋淋。

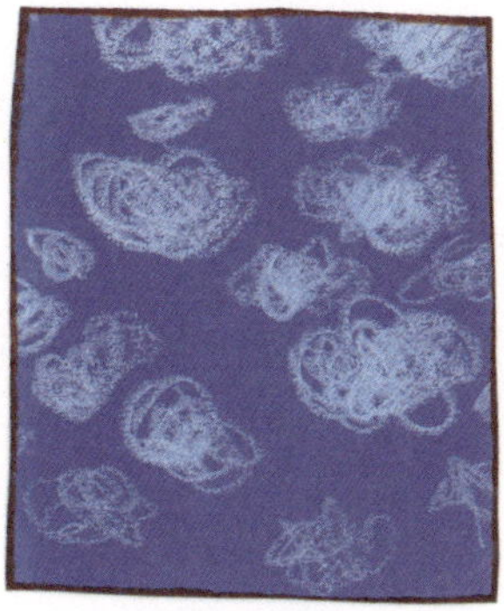

天上鱼鳞斑，
晒谷不用翻。

朝起红霞晚落雨，
晚起红霞晒死鱼。

冰神苏菲不离开，
难免夜里无霜寒。

露水晶莹白霜挂，
天空蓝蓝美如画。

月晕光环细，
阴雨定无迹。
月晕光环粗，

雨打江天污。
早晨地罩雾，
天晴晒衣服。

为什么?

为什么大黄那么高大?

为什么雏菊那么细小?

雏菊

女神库拉的提示：
仔细观察，有什么发生？再问问别人，有什么经验？

园地规划 | 种什么？何时种？

如果一颗种子自行生长，那么它一定会选择在“中意的”地方成长，如此才能长得欣欣向荣。但是蔬菜生长在哪里，完全由人类来决定。因此，做好园地规划有助于植物茁壮成长。

园地规划方便我们同时种植多种植物。在70页，“友好睦邻 | 还是坏邻居？”告诉我们，蔬菜可以互相扶持，驱逐虫害，如胡萝卜和韭葱的组合。豆类植物如豌豆可以提高土壤的含氮量，许多蔬菜喜爱氮元素，如根茎蔬菜。但是，如果在同一地方连续种植两次豌豆，就可能结不出豆荚。我们利用这类知识可进行混合种植。

选择好和谐的相邻植物后，随即开始下一轮种植的步骤——观察，从而才能确定次年在同一地块种什么植物。一旦第一步混合种植完成后，便开始观察，积累经验……

园艺有许多方法。比较简单的方法是将园地划分成四部分：第一部分为强肥植物，这类植物需要肥沃的土壤；第二部分为中肥植物；第三部分为弱肥植物，这类植物对土壤质量要求低；第四部分为休耕土地。

虽然还存在许多未知数，但更有不少被破解的已知因素，其中包括祖祖辈辈积累的种植蔬菜的经验。除了科学家的研究成果，还有实践者的经验积累，包括园丁通过认真观察得到的有关当地品种、当地土壤条件和气候特点的宝贵知识。如果遇到这样的人，一定要虚心请教。

很多地下发生的因素影响着植物生长。此外，还有植物之间的（化学因素）相互关系。所有这些因素互相影响，形成在地面上植物或者互相干扰，或者相互支持的局面。最后，植物根植于土壤，并从土壤中汲取宝贵的营养。

强肥植物需要精心施肥，在养分丰富的土壤中才会生长良好。

灯笼果、马铃薯、卷心菜、南瓜、韭葱（也能在其他土壤中生长）、菜椒、尖椒、芹菜、番茄和西葫芦即为强肥植物。

中肥植物在种过强肥植物的次年，可在同一块菜畦接着种植中肥植物。

大白菜、苦苣生菜、茴香、胡萝卜、大蒜、韭葱、君达菜、欧防风、白萝卜、生菜、菠菜、圆锥芽球（菊苣圆锥球头生菜）和洋葱即为中肥植物。

弱肥植物从土壤中索取的养分很少。在种植过中肥植物以后，可以在菜畦种植弱肥植物。在第四年，就可以休耕，以便恢复土地的肥力。

豆角（最好在种过白菜类植物以后）、西蓝花、豌豆（也包括荷兰豆）、旱金莲、苤蓝、香草、小胡萝卜、芝麻菜、生菜、细香葱和香芹即为弱肥植物。

强肥植物

应种在上一年休耕，没种任何作物的田地上。

休耕田地

在这块田地上，一年内只种植弱肥作物或不栽种任何植物。地上盖腐殖质，至年底耕地除草，最后施用堆肥或厩肥。

中肥植物

可以在种植过强肥植物的田地上种植中肥作物，这样“饥饿”的强肥植物剩下的养分也足够中肥植物生长。

弱肥植物

即使土壤中不再含有多少营养物质，但这些很少索取养分的植物也可以继续生长。

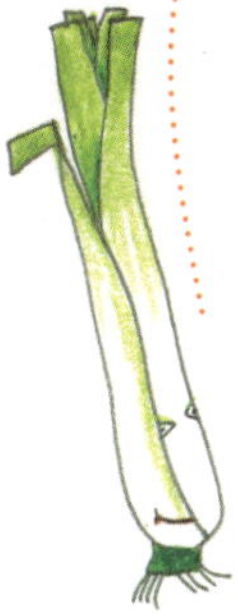

文神库拉的提示：
即使天气和土壤不那么理想，植物也能生长。

无人可以改变天气，天气对植物的影响是关键性的。在早春，土壤和气温对植物能否快速生长起着重要作用。此外，土壤中还必须有足够的水分，如果土壤干燥，植物的生长也会停滞。天气过冷也一样，植物的生长会减慢或完全停止。冰霜可以彻底摧毁对霜冻敏感的植物。在中欧，最晚的冰霜预计会延续到5月中旬，直到冰神苏菲离开之后才会好转。因此，在5月中旬以后，人们才把番茄和灯笼果移种到户外菜畦。

长时间下雨和低温，会危害植物的生长。除此之外，冰雹会在刹那间摧毁一切。秋天下早雪会突然结束菜畦的生长年。

我们人类常会抱怨深秋浓雾，但是，浓雾可以催熟药草。因此，我们称秋季浓雾为药草雾。

如果冬天落雪，无论是植物，还是人类都会兴高采烈。冰霜会损伤蔬菜，但在积雪覆盖下，君荙菜一类的越冬植物就如同盖上了温暖的被子。

在菜畦中，理想的土壤应该是肥沃的，有潮湿的腐殖质，并且养分含量均衡。土壤内不仅包含所有必需的微量元素，而且还有蚯蚓和各种生物。遗憾的是，这样的土壤少之又少。但值得庆幸的是，黏土或沙质土壤也能生长蔬菜。可以通过沤堆肥和覆盖腐殖质，洒绿植粪肥和石灰粉来给蔬菜追肥，从而获得好收成。对土壤做化学分析，可以掌握菜畦土壤的准确信息，但并不是必需的。

耕地除草不仅可松动土壤，还可以减少野（杂）草的数量，使蔬菜作物强壮。蔬菜作物强壮了，才能竞争过野（杂）草的生长，所以需要定期地除掉一些自行繁殖的植物。但是，也可以保留某些自行繁殖的植物：金盏花和洋甘菊往往自行繁殖。覆盖腐殖质也可以防止杂草生长。

病变

在一定天气条件下，多种真菌病患会对植物造成极大的损害。在温暖而潮湿的夏季，黄瓜霉变或南瓜霉变蔓延迅速。豌豆白粉病易发生在炎热干燥的天气里。凋萎病和褐腐病会损害番茄，而凋萎病和烂根病则会损害马铃薯。如果病害严重，可彻底摧毁植物，造成颗粒无收。灰霉病会腐烂洋葱、草莓和黄瓜。因此，选择强壮植物的健康种子才是正确方法，既能抗病害还能保持植物健康。

浇灌是一门科学。如果在温暖时节浇水太少，或不够频繁，那么娇嫩或喜水的蔬菜，如黄瓜（浅根系型）就会减缓生长发育速度或枯萎，萝卜会糠，芹菜头会疲软，南瓜会只结出小瓜或掉花，或过早开花。一个重要的应对措施是覆盖腐殖质，有覆盖层保护，土壤会保持湿润。更重要的是，这样能减少工作量。因此，覆盖腐殖质是“懒”园丁的明智举动。

生长，生长，生长！

害虫 | 也爱啃噬蔬菜

弱小的植物不但易患病害，对害虫也极具吸引力。虫子与我们一样，喜爱吃蔬菜。这里列出的害虫只是九牛一毛：象鼻虫、红蜘蛛、蚜虫、大白菜粉蝶、百合甲虫、韭葱蛾、洋葱蝇、胡萝卜蝇、马铃薯甲虫。许多害虫的名字来自受侵害植物的名称。线虫、金针虫和蛴螬一般看不到，往往生活在地下，以根茎为食。菜园一旦有田鼠，则可能收获不到任何胡萝卜。跳蚤、甲虫甚至会啃噬子叶（首片微小的叶子），还喜欢取食萝卜、各种白菜类、油菜和芥菜。

常见的蚂蚁也会破坏植物，如果植物根部有蚁窝，便无法正常生长。还有蜗牛，无论是微小的生菜蜗牛，还是背着蜗牛壳的罗马蜗牛、较小的扁蜗牛及无壳蜗牛蛞蝓都是害虫。其中蛞蝓更是彻头彻尾的“侵略者”，能吃掉整个植株。蜗牛啃噬一切植物，并且从春天一直吃到园艺期结束。

蚯蚓

七星瓢虫及其幼虫

草蛉

大黄蜂

蜜蜂

刺猬

蠼螋

有益生物 | 园丁的助手

正是因为有数不清的害虫，所以我们才要格外重视益虫。只有在益虫的帮助下，才能在园地里建立一种健康平衡的生态环境。如果园地里出现某种混乱，益虫会完全出于自身喜好，清洁园地。

有趣的是，适度的混乱能拯救这些益虫的生命。也就是说，如果没有一味地清除一切杂物，而是把落叶朽木和枯树枝堆在黑暗角落保留下来，就会招来喜欢这些物质的益虫。人类可以不必搭建昆虫酒店或巢箱，益虫就能自行在枯枝朽叶中不受干扰地筑巢挖洞，寻找掩蔽物体。

在夜里，蠼螋可以吃掉许多蚜虫。白天，蠼螋喜欢隐藏起来，左图所示为塞有木刨花的高帽昆虫酒店，是欢迎蠼螋的好地方。其他重要蚜虫的捕食者是草蛉和七星瓢虫幼虫。

如果你特别想建造一个益虫酒店，不妨做这么一个高帽昆虫酒店：用一块三角形厚毛毡缝成高帽，在帽子里填满木刨花。在多蚜虫的植物附近，将帽尖向上挂在柱子或树干上。这样，许多益虫就有了避风而温暖的住所。

昼伏夜出的刺猬也是园地里受欢迎的动物。人们经常听到地里发出呼哧声，那是刺猬在穿过园地散步，搜索着（至少在刺猬餐桌上）蜗牛等美味佳肴。

值得一提的是，深藏在土壤里的无数有益生物（其中最重要的是益虫蚯蚓），不但能转化土壤中的废物，还能松动土壤。因此，我们可以把蚯蚓放进堆肥中，给它喂食丰富的植物性废弃物，从而收获蚯蚓回馈给我们的肥沃堆肥。

红尾鸲

抛开地底下的蚯蚓不说，我们也可以抬头望向天空——鸟儿在天上飞来飞去。我们也需要鸟类来做园地的居民。鸟类不仅喜欢吃蜗牛卵，还以昆虫为美食。除此之外，鸟类还天天用动听的歌喉愉悦我们的心情。因此，要让部分园地树篱不受干扰地密集生长，就尽量吸引鸟类在里面筑巢，成为它们夜间藏身的场所。只求猫咪不来拜访。

在空中飞行的生物还有昆虫。我们要对其中的两种昆虫大唱赞歌：蜜蜂和大黄蜂。某些人可能对蜜蜂有不好的印象，但我们有充分的理由去保护蜜蜂。同样，大黄蜂也要受保护，它能在比蜜蜂更低的温度下飞出巢工作。它们是两种最重要的授粉者，没有它们，我们必须自己去给开花的果树授粉，这个工作量大得难以想象。

让我们对蜜蜂和大黄蜂致敬！

大自然里的数学 | 形状和规则

为什么花朵上的雄蕊排列得那么规则？为什么植物茎秆上的叶子不在同一侧生长，而向四面八方伸展？为什么叶子的间隔那么有规则？难道向日葵会计算吗？为什么花朵有那么多不同的形状和颜色？

人类对上述及类似问题已经研究了很久，并可能要永远研究下去。正如不寻常的事物总是很有趣一样，规律也能唤起我们的好奇心。植物如何生长？植物细胞如何繁殖？叶子如何排列和转动？植物如何达到最终高度？花朵开放的数目为什么时多时少？花朵为什么有各种形状？凡此种种不免勾起我们的好奇心，使得我们急于找出这一切的前因后果。

各学科的科学家都在力求解决这些难题，数学家也试图计算出其中的规律。比萨的列昂纳多（1170—1240），现在称其为斐波那契，曾致力于植物繁殖的研究，并周密地做出计算模型。在他的那个时代，人们还是以罗马数字进行计数的，用×表示10，用L表示50。斐波那契的数列既可以表示叶子围绕茎秆来生长，又可以表示雄蕊的排列方式。

斐波那契

雅各布·伯努利（1654—1705）是瑞士的数学家和物理学家，专门从事螺旋的研究。由于他深入研究了对数螺线，因此对数螺线又被称为“伯努利螺旋”。

雅各布·伯努利

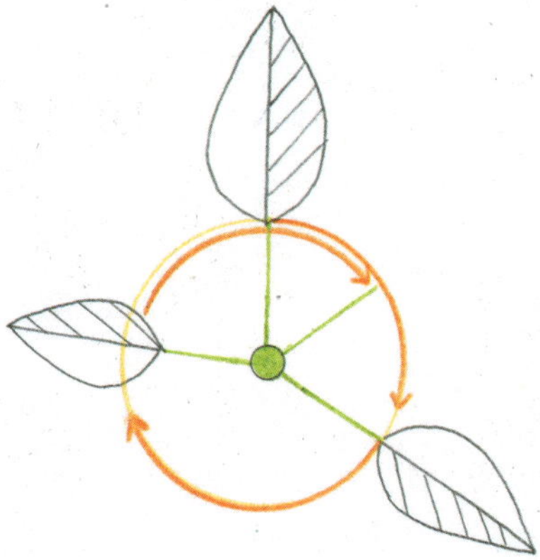

植物茎秆上的叶子按照对数螺线规则排列生长。叶子围绕同一点旋转，只改变高度。这样的排列使叶片都能获得光照。

伯努利螺旋是一个对数螺旋线，这意味着螺线以相等的角度增长。右图所示的正方形的边长等于前两个正方形的边长和。这样获得的螺旋线增长，近似符合**斐波那契数列规律**。

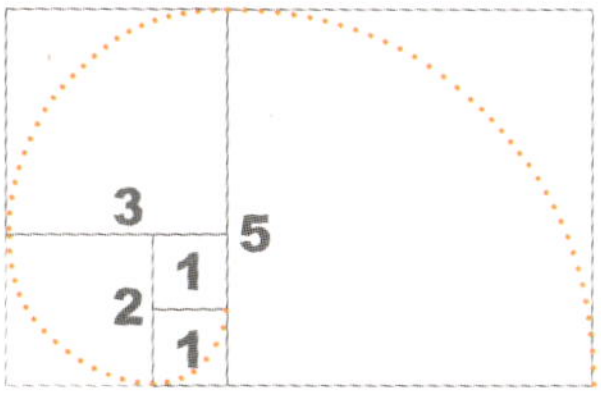

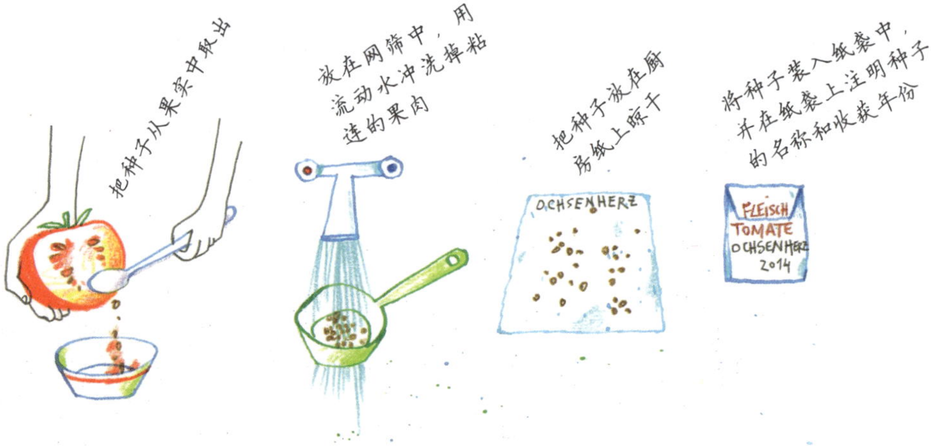

自行留种 | 具体做法

番茄成熟了，已经采摘并装在篮子里了，还可以留下种子吗？番茄也有种子吗？可以来年再次繁殖，也即再播种，种植出新的植物吗？答案是肯定的。所有包藏在果肉里的小颗粒都是番茄的种子。你可以用勺子挖出包着种子的果肉，放进网筛中，用清水冲洗掉粘连的果肉，把种子放在厨房纸上晾干。

如果有多个品种，就要贴上帮助区分种子的标签，因为种子在生长之前看上去都很相似。一旦干透，就把种子装入纸袋，标明收获年份、蔬菜名称，并尽可能注明品种，例如这样注明“厚果肉番茄，牛心，2015年”。

博罗特豆的豆荚带有斑点

有些植物（如番茄）不能自行授粉，所以不能保证种子的纯度。许多植物通过昆虫来进行异花授粉，如让花朵招引蜜蜂、大黄蜂等昆虫来给花授粉，从而存在多个品种交叉的可能。也就是说，种子有可能得到不同的品类，创造出新的品种（也许收获的水果大小会不同）。若想获取完美的种子，需要有专业的知识和精心的养护。不过有一种蔬菜例外，它能自行授粉，从而可以轻松获取种子，这种蔬菜就是豆子。

豆科植物的每个豆荚里都含有多粒种子，即豆粒。应当让种子在植物上熟透，直到豆荚干透再采摘。在未来一年，这些神奇种子会带来新的丰收。

1. 锄头 | 2. 鸭颈刮 | 3. 松土小锄头 | 4. 长锹 | 5. 剪刀 | 6. 剪枝钳 | 7. 叉子 | 8. 小手铲 | 9. 耙子 | 10. 手套 | 11. 线绳 | 12. 长尖锹 | 13. 园地围裙

园地工具 | 主要工具

如同别的行业一样，园地工作者也需要使用大量有助力的工具。重要的是，需要精心地维护工具，以备随时使用。通常是在冬季对工具进行维修。到了秋天，在入库收藏之前，必须清洗所有工具，再涂一层保护油脂，最后把工具收藏在干燥地方。

库拉女神对自己的农具管理很精心，不愧为“操心罗马女神”。

她的工具总是受到悉心维护，以便能时刻使用，经常用的有锄头、鸭颈刮、叉子、松土小锄头、长锹、小手铲、耙子、剪刀、剪枝钳、手套和线绳。另外，库拉女神还有一根打洞木杵，它是木质的，有细长的尖头和手柄。库拉发现打洞木杵很方便，尤其是在5月份。

再准备一些杆子，如让豆类攀爬的杆、番茄的螺旋杆、豌豆的支架杆，你的园艺工具库就更完备了。

女神库拉的提示：
在园地里，库拉总是会穿着耐脏的衣物。

丰收、美食和享受！

根块｜马铃薯

根茎｜胡萝卜

种子｜小麦

果实｜李子

叶子｜莴苣缬草

我们吃的是植物的哪一部分？

花朵｜洋蓟

蓓蕾｜西蓝花

菜梗｜西芹

菜芽｜芦笋

增粗的梗｜茴香

花朵｜金盏花

红菜头的叶子

蔬菜的学问

除了其他成分之外，植物还含有维持人类生命的物质——维生素。虽然蔬菜看上去仍很新鲜，但经过短暂储存以后，维生素的含量就会降低。通过冷藏、包保鲜膜、充保护气体及类似措施，都会影响和改变蔬菜的外观。但是，眼睛常常会受到欺骗。在采购蔬菜时，仅靠观察外表，是不能确定食物是否真正新鲜的。因为我们看不到采摘的水果和蔬菜有多么成熟、已经冷冻了多久、运输时间有多长。

脂溶性维生素可在体内储存。与此相反，水溶性维生素需要定期补充。如果食物搭配合理，均衡食用蔬菜、水果、奶制品、鱼肉和谷物，就几乎不会患维生素缺乏症。

蔬菜除了为我们提供充足的微量元素和矿物质，还可以提供重要的纤维质。但是，最重要的是，蔬菜的味道真的很不错。

新鲜蔬菜的味道最好，也是最易于肠胃消化的。此外，新鲜蔬菜包含很多营养成分，对我们的健康有益。蔬菜最好能从自家园地新鲜采摘，不用长途运输。而且尽量避免购买远方的飞机和货车运来的蔬果，应买时令蔬果，也就是买当季正生长和成熟的蔬果。当然也可食用能长久储存的蔬果。

我们通常并不会吃掉整个植物，只吃那些经过专门培育的部分，如茎蓝粗大的根茎或抱子甘蓝的球芽。我们食用的是植物各种各样的部分，从根茎到花朵，甚至果实。第100页概括地展示了我们具体吃的是植物的哪一部分。

有些蔬果只适合生吃，如野草莓和生菜。然而更多水果生吃美味，煮熟来吃味道也不错，如苹果和黑莓。有的蔬菜生吃味道也好，如鲜嫩的苤蓝口感生脆，清香爽口。蔬菜生食具有养生的作用，应尽可能多地生食。然而，并不是所有蔬菜都可以生食。

有些生蔬菜有毒，必须煮熟才能食用，如生的四季豆或菜豆角含有毒物质：植物血凝素，通过煮制可以破坏毒素，所以，只有煮熟的才可食用。

茄科植物也有需要我们注意的重要属性：果实中所有绿色部分皆含有毒的龙葵素，而且烹煮并不能破坏龙葵素。所以在食用番茄之前，一定要切掉根蒂。

马铃薯放在亮光处会变绿发芽，这些胚芽有剧毒。马铃薯的叶子和果实不可食用，仅吃其块茎即可。

尽管如此，美味的马铃薯、番茄和尖椒仍然是不可或缺且有价值的蔬菜。

冲洗还是去皮？

通常，把蔬果在流水下冲洗一下就足够了。在潮湿天气，可用刷子在流水下刷掉根茎类蔬菜上的泥土。若有可能，蔬果应带皮食用，不过苤蓝和洋葱必须去皮食用。

四季豆沙拉 | 食谱

食材： *500克四季豆*1颗小洋葱*盐和胡椒*醋和油*1升清水*冬香薄荷少许

美食和享受

面对新的、未尝试过的食物，大家都会小心地品尝其味道是甜的还是咸的。

味道和气味决定了我们是否喜欢吃某种蔬果。味觉物质是我们通过舌头的味觉受体感知的非挥发性化合物。我们通过鼻子嗅到的气味是物体如水果所散发出的挥发性化合物。上述芳香物质，让我们的口水在口中汇集起来。

我们不但可以品尝出食品的甜、咸、酸、苦等味道，还能感觉出食品的质地——是软绵的，还是酥脆的；是烂糊的，还是润滑的。只要咬一口品尝一下，我们就可以分辨出多种不同味道。

此外，我们还知道一个重要事实：我们在孩童时代喜爱的口味，成年后也会喜爱。

人类最不喜欢吃的就是有苦味的东西——它常常让我们联想到药物。然而，苦味物质非常重要，如同在医药应用中所起到的作用一样，苦味能刺激胃肠道的蠕动，如北艾的味道就极苦。如果在做菜前不用水浸泡，一些生菜如苦苣和菊苣也很苦。

如果生菜的叶子有苦味，可用下面的方法处理

有些水果的味道很酸，如茶藨子（醋栗），而红色醋栗尤其酸。白色醋栗虽然酸度柔和一些，但仍然比草莓和樱桃酸很多。除此之外，还有一种欧洲酸樱桃，顾名思义，其味道比普通樱桃酸得多。

用盐腌制的德国酸菜也非常酸。如果生吃酸菜，味道真的很酸，但是相当清口解腻。

醋是酿造而成的食品，也是酸味的。醋具有防腐耐储存的作用。与受人喜爱的酸黄瓜一样，南瓜条和蔬菜沙拉也可以泡在醋里，装在密封玻璃瓶中即可。

腌酸黄瓜 | 酸脆清口

需要准备以下食材： *1千克小黄瓜*5~7粒胡椒粒*一些珍珠洋葱*莳萝、龙蒿和茴香*一撮盐*几片葡萄叶*1茶匀糖*1/2升葡萄醋

涩味 | 乏味 | 平淡 | 粉面 | 清爽

四季豆和红菜头有“涩味”，有些辛香作料，如车前草和地榆也有涩味。

不放盐或不放调料的食物，吃起来味道很“乏味”。

熟软的芦笋或去皮的蒸马铃薯拌些黄油，吃起来会觉得味道比较“平淡”。

“粉面”口感往往特指质地“平淡”的食物，如煮至绵软，做沙拉的红花菜豆或具有“粉面”质地的马铃薯。

“清爽脆嫩”与“乏味”“平淡”和“粉面”截然相反。甜瓜、黄瓜和萝卜就给我们带来这样的口感。此外，“清爽脆嫩”的蔬果含有很高比例的水。

把甜瓜或黄瓜放进冰箱冷藏一下

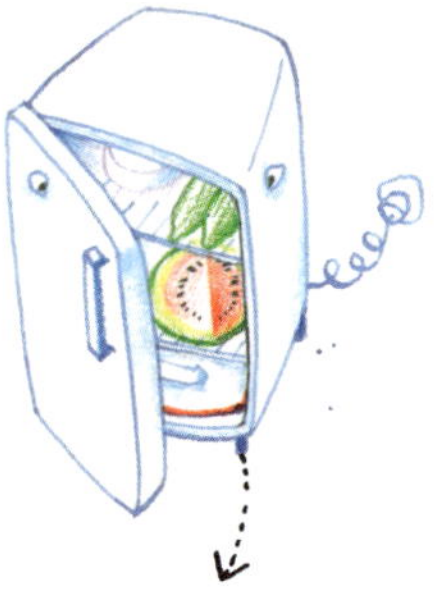

黄瓜星星和甜瓜丁 | 清爽多汁

然后用刮刀把黄瓜去皮，切成1厘米厚的片。用星星状小饼干模子把黄瓜片刻成星星状，或者简单地切成方块小丁，撒盐拌匀就可以装盘上桌了

甜瓜的准备与黄瓜相同，只是不必用盐腌，而是滴入一些柠檬汁

薄荷香蜂草

还可以用薄荷香蜂草叶装饰，这样既美观又提味

文神库拉的提示：
在用刀切蔬果时要小心，不要切到手指。

清鲜脆爽的小水萝卜甲虫

如果现从菜园泥土中拔出，小水萝卜吃起来会更加鲜嫩多汁，但往往会辣一些。

为什么？

为什么琉璃苣的花朵是蓝色的？为什么琉璃苣的花朵枯萎后又变成红色的？为什么琉璃苣有很多细绒毛？

辛辣味

当心：**辣**！辛辣食物有不少人喜欢。不仅胡椒或辣椒等辛香料有辣味，很多蔬菜也有辣味，如洋葱，而且把大蒜和生姜一起烹调也非常辛辣。从小溪边新鲜采摘的独行菜，从菜园刚拔出的萝卜，同样可能有辣味。芝麻菜生吃时也稍有辣味，而腌制的长辣椒则非常辣。

每个人对辣味的敏感程度不尽相同，这取决于每个人对辛辣程度的习惯。

果仁味

果仁的味道不仅存在于坚果类食物中！莴苣缬草（羊莴苣和野苣）、卷心菜卷也有果仁的味道。有强烈而独特味道的食物，不仅只有坚果。

茴香也有一种非常独特的味道，但并不是每个人都喜欢。你会如何形容茴香的味道呢？

豌豆泥这道菜应当归类为绿色还是润滑？粉面还是甜美？实际上，豌豆泥满足所有这些属性。你的观点是什么呢？无论是色彩还是味道，同样甘甜的“胡萝卜宽带面”与豌豆泥很搭。

胡萝卜宽带面

需要以下食材：*2~3根胡萝卜*盐*1茶勺黄油*至少1/2升清水

女神库拉的提示：
从1千克新鲜豌豆中只能得到300克豌豆粒。

豌豆泥 | 微甜而润滑，质地细腻，颜色碧绿

用新鲜采摘的豌豆做豌豆泥，需要以下食材： *1/4升新鲜豌豆粒*1/2升或更多清水*3根香芹枝条*1茶匀黄油*盐*胡椒*1个鸡蛋黄（最好加上）

甜味

人类偏爱所有带甜味的食物。无论是覆盆子还是蜂蜜，蛋糕还是胡萝卜，桂皮还是糖，有甜味的番茄酱还是不加糖的苹果酱，样样都美味。

甜意味着能量，有时甚至会带来幸福的感觉。正因如此，必须严格控制糖的摄取量，吃太多糖不利于健康。由于许多加工食品都含糖，最好亲自动手烹调新鲜食品。很多食物不用加糖，本身就有甜味。

文神库拉的提示：
水果往往本身已经够甜，无须另外添加蜂蜜和糖。

下厨不但让人乐在其中，而且可以按自己的口味烹饪，在此介绍一个水果凝乳（水果奶豆腐）的食谱。在制作过程中，可以根据自己的喜好省去蜂蜜，水果本身已经足够香甜。凝乳（奶豆腐）也可以用酸奶来代替，不过它更适合在温暖的季节享用。

水果凝乳 | 润滑香甜

需要以下食材： *250克凝乳（奶豆腐）*2食勺酸奶油*时令浆果或切成小块的水果

欧防风甜汤 | 甜香浓稠

欧防风甜汤是一个非常特别的食谱，具有独特的味道。

需要以下食材： *400克欧防风*1颗小洋葱*60克黄油*600毫升清水，放入1~2食勺希尔达蔬菜汤料（请见114页）*200克鲜奶油，取一部分搅打蓬松，每1份中需加入1食勺搅打好的鲜奶油*盐*胡椒*1/2把细香葱

制作汤料需要以下食材：*胡萝卜*芹菜头*香芹根*韭葱

按口味也可以加放以下香草叶片：*香芹*芹菜*欧当归

如有口味偏好，还可以加入其他香草，如*细香葱*马郁兰*牛至草

希尔达蔬菜汤料 | 私房制作，别具风味

可以用来替代成品汤块。

如果有条件，最好把所有食材都放进咖啡机研磨一下。将磨成的粉洒入热水后，香草能再次释放出香味，十分美味。

把各种食材洗干净，开始切菜

可以用擦菜板擦，也可以用黄瓜刨刀刨，切碎所有食材

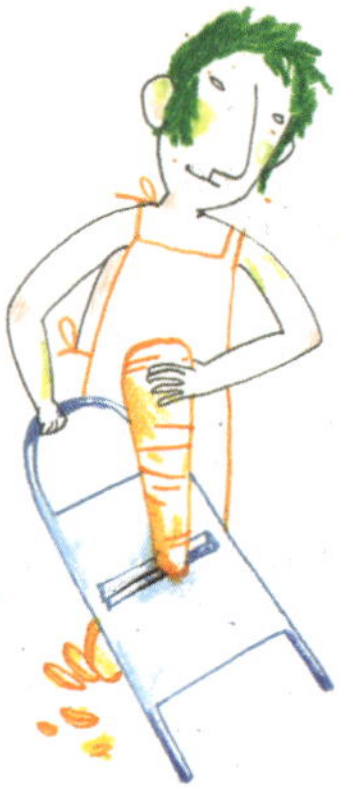

把食材放到烘干器或烤炉里烤成菜干

把混合蔬菜汤料放入瓶中，干燥后避光储存

在作为“汤料块”使用以前，可把菜干放入咖啡机研磨，磨成粉末状

甜咸蔬果干

适合做咸菜干的有红菜头、胡萝卜和欧防风，适合做甜果干的有苹果等。

食材： *2~3根大胡萝卜或*3~4个苹果（也可更多）

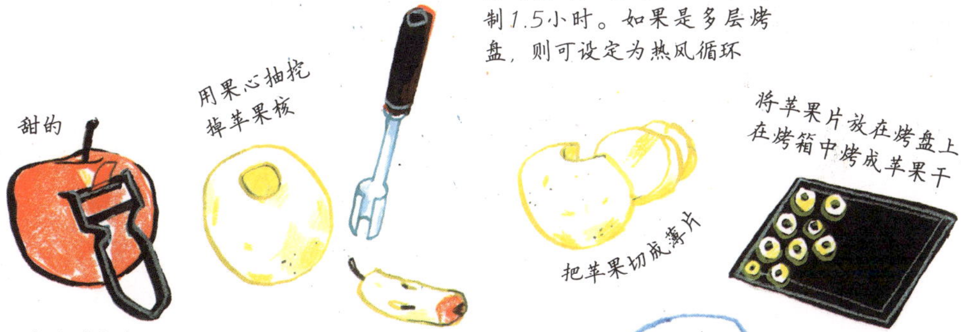

文神库拉的提示：
根据蔬果片的厚薄，可适当调整烤制的时间。

凌乱无序

12

K

G

你能从图画中找出相关联的规律吗？

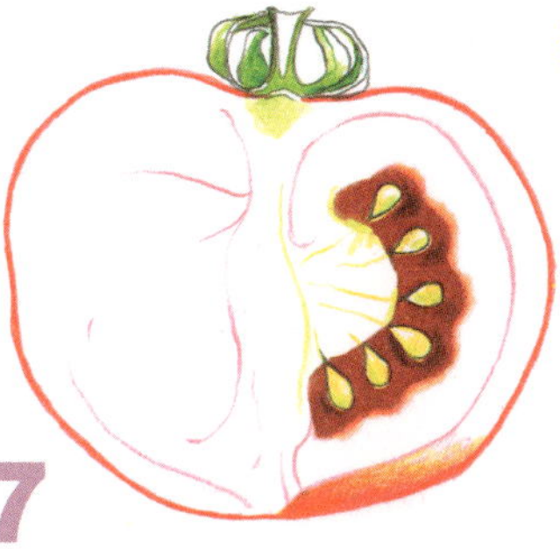

7

F

E

8

I

9

L

10

11

1A：菠菜
2B：胡萝卜
3C：抱子甘蓝
4D：欧防风
5E：西葫芦
6F：玉米
7G：番茄
8H：豌豆
9I：苹果
10J：豆子
11K：覆盆子
12L：草莓

丰收、美食和享受！

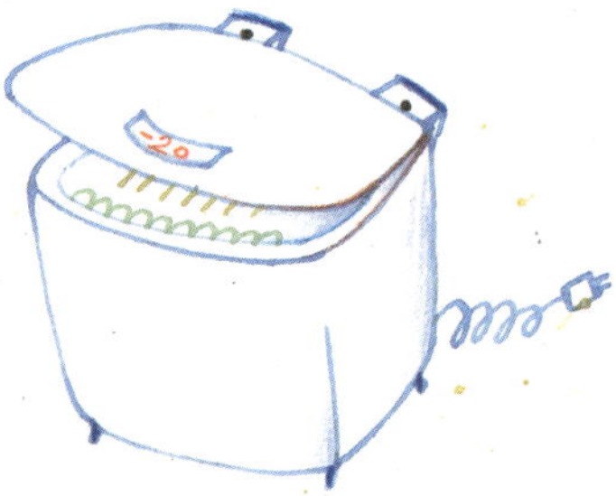

储藏过冬 | 储存

冬天就要来临了，怎么办？园地虽然进入休眠期，而我们人类的肚子仍然会饥饿……为了让冬季的饭桌上也有丰盛的菜肴，可采用多种多样的方法储存蔬菜。“储存”是一个充满魔力的字眼。

冷冻是储存方法之一，几乎适合所有食品。冷冻品的储藏期各不相同，冷冻箱说明书都有列表可查。不仅可以冷冻来自园地的蔬果，还可以冷冻煮熟的饭菜。可以用这种方式安全储藏剩饭剩菜，减少丢弃浪费发生的频率。

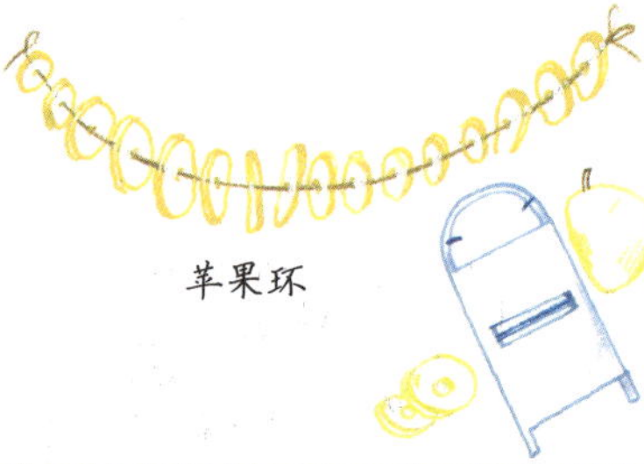

可以在烤箱中烘烤水果和蔬菜。红菜头可以用黄瓜刨刀刨成薄片，放在烘焙纸上，用50℃~80℃的对流热风烘干。还可用同样的方法烘烤胡萝卜。当然，也可以把所有蔬果放入烘干设备脱水。

不用电也能进行干燥。例如，可以这样储藏苹果：把苹果核挖掉，切成约5毫米厚的圆圈，用线串成环，把“苹果环”挂在温暖房间的壁炉上面晾干。而香草可以这样储存：在开花前采摘好，扎成捆，挂在阴凉处，晾干。

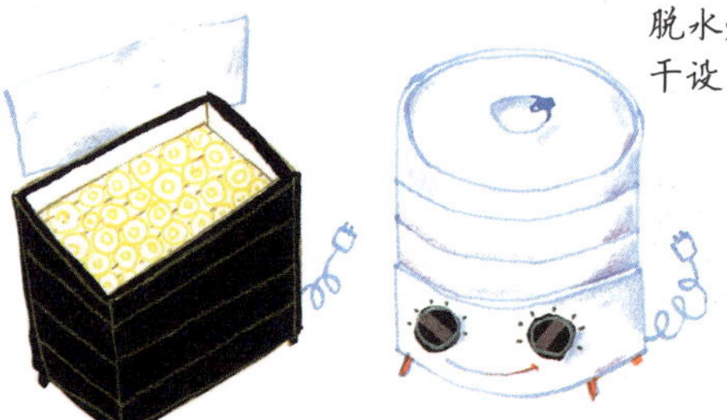

用脱水烘干设备烘干蔬果，效果尤其好。该设备可放置多层网格，同时能快速干燥大量水果或蔬菜。例如，把李子去核后，将切口一面朝上，脱水干燥。刨开的杏子（杏果）、梨片、苹果和浆果以及香草，都可以这样干燥脱水，以供长期存放。

文神库拉的提示：
不要把马铃薯和水果放在同一地窖里，马铃薯和水果应分开存放。

把可长期存储的苹果和梨，小心轻放在同一地窖里。如果保持地窖阴凉，直到次年春天，某些苹果品种仍可以保持新鲜。

有关地窖的提示：马铃薯和水果不宜存放在同一地窖里，因为水果成熟后释放出的气体会促使马铃薯提早发芽。

菠菜、番茄、南瓜及苹果可以煮熟保存。

把番茄用少许水煮熟，直到果实软烂。相比前者，菠菜只需放入沸水中稍烫即可。然后将蔬菜放在碗中，捣成泥，立即分装到干净的螺旋盖瓶子中。要立刻拧紧盖子，倒置瓶子放凉。最后，贴上瓶子标签（包括年月），放入储藏柜。

把根茎类蔬菜埋入沙床中，可以储藏至次年。方法如下：取用合适的箱子或大桶，先在底部铺一层沙子，然后，一层一层地码放根茎类蔬菜，要避免蔬菜互相接触；码好每层蔬菜后，铺满一层沙子，让下一层根茎类蔬菜又能码放在沙子上。除了保证储存环境阴凉，根茎类蔬菜也绝不能有任何损伤。需要注意的是，应就地填装沙子，否则很难移动箱体。

冬日番茄 | 油封番茄

番茄在每个季节都很美味，下面介绍一个冬日可制作的番茄食谱：将番茄切成小块，适度脱水干燥，注意不能太干，番茄应还有弹性。把番茄同辛香料（罗勒、大蒜和少量百里香）一层层放入小瓶，压瓷实。然后，用油填充，没过番茄约1厘米。油封番茄搭配（山羊）奶酪最美味。

任何香草都可以用油浸泡保存，例如，罗勒或尖椒，制作方法如下。

把要腌制的材料切细。如果腌尖椒，要戴乳胶手套工作（因为尖椒很辣）。拌入大约20%的盐，混合均匀。然后装入玻璃瓶，用橄榄油封住，油要没过香草或蔬菜半厘米以上。

放置在阴凉处。

油和盐可以使食品储存时间久一些。通常用盐腌制香草，也可用盐腌汤料蔬菜。第114页介绍了一种干燥汤料的食谱，在此介绍另一种汤料食谱——盐腌蔬菜汤料，冬季煮汤时若用这种汤料，则不必再额外加盐。

盐腌蔬菜汤料 | 盐腌

把所有食材都剁碎或用搅拌机粉碎，加入500克盐，充分混合。腌制2小时以上，然后把汤料压实装入储藏瓶中。确保瓶内看不到任何气泡，再放置在阴凉处。

盐腌蔬菜汤料需要以下食材：*250克韭葱*250克洋葱*250克厚果肉番茄*250克欧防风（或用125克芹菜头代替）*150克胡萝卜*50克香芹根*香芹绿叶*地榆*细香葱*百里香*欧当归*少许大蒜

如果食材用量减少，那么食盐用量也应酌情减量。

1月 **收获***选择温暖的日子，采摘莴苣缬草*如果土地没有冻结，可以挖鸦葱根*拔韭葱***其他事项***堆雪人*为菜园制订种植计划***播种***月末，可以播种灯笼果*趁早播种菜椒、尖椒和茄子，会有益收成

2月 **收获***在无霜冻的日子，可以不间断地采摘莴苣缬草*采摘韭菜*挖剩余的鸦葱根和蒜叶婆罗门参*采摘菠菜***其他事项***检查种子的储备*如有可能，进行种子发芽试验*列出缺乏的种子采购清单*准备新的高床畦或高垄畦或规划新的菜畦*收集建造菜畦的材料*一旦菜畦土壤干透，就要把防寒物揭掉***播种***在温室或阳畦播种沙拉菜***育苗***使用低营养育苗土壤，可让种子多生根须 | 要计算沙拉菜种子，最好在一个育苗盆中，撒3粒种子 | 选留最强壮的苗，把其他苗掐掉或剪除*自己动手用报纸折叠育苗小盆，见74页*2月底可以播种蚕豆*还可以在菜畦播种菠菜、早熟胡萝卜品种、大蒜和香芹*在玻璃房中播种小水萝卜*培育苤蓝、早熟白菜品种和芹菜

3月 在3月里，繁忙的日子真正开始了。***收获***采摘剩余的韭葱、菠菜、莴苣缬草和冬季沙拉菜***播种***从月初开始，下列植物可以移栽到户外：豌豆、鸦葱根、蒜叶婆罗门参、欧防风、胡萝卜、蚕豆、香菜和菠菜*把大蒜间种在草莓之间***3月中旬，育苗***番茄、辣椒、茄子、沙拉和韭葱。此刻是播种芹菜的最后期限*番茄种子在播种前应在凉的洋甘菊茶或大蒜水中浸泡一下***月底在户外播种：**球茎类、大蒜、火葱、莙荙菜、小水萝卜和白萝卜*复种*胡萝卜、莴苣缬草、白萝卜、独行菜和葛缕子*移种入菜畦：早熟白菜品种、大头菜和沙拉菜***其他事项***分苗移栽：番茄、芹菜和灯笼果*给菜畦松土*清除杂草，最好把锄下的杂草留下，作为腐殖质来使用*施绿肥，所有蔬菜都喜爱腐殖质和深疏松的土壤，因其有利于根系发达*建造高床菜畦*修理完善现有的高床菜畦*补充缺乏的种子

4月 收获*采摘第一批沙拉叶和香草*采摘最后一批菠菜***播种***在暖房内：罗勒*在苗圃：晚熟白菜品种、白卷心菜、红卷心菜、抱子甘蓝、花椰菜和西蓝花*在户外：欧防风、胡萝卜、芝麻菜、豌豆和荷兰蜜豆、红菜头、芜菁、香草、圆白菜、抱子甘蓝、红卷心菜和苤蓝*韭葱*月中至月底移种到户外：早前在苗圃培育的沙拉菜、苤蓝、早熟白菜品种、西蓝花、红卷心菜和韭葱***在户外复种***苤蓝、沙拉菜、白萝卜，小水萝卜、晚熟胡萝卜（红萝卜）和菠菜*马铃薯可以（根据位置）从4月中旬开始种植*月底育苗：西葫芦和南瓜***其他事项***番茄等分株移植*把长得太大的香草进行分株和移植*修剪冬香薄荷*让迷迭香习惯户外环境*捡拾蜗牛*翻倒堆肥*清洗或更新补充菜豆，给番茄支架杆子*修建高垄菜畦*开辟香草园地

5月 **收获***沙拉菜、小水萝卜、芦笋、大黄和香草***播种***5月初在盆中育苗：西葫芦、南瓜、黄瓜和茄子，最早在5月中旬，可以移栽到户外*豆类应选温暖的地方栽种，最好先种在纸盆中，在5月中旬以后，移植到户外*种植马铃薯*移植户外：在4月初培育的卷心菜、沙拉和韭葱等复种*生菜、小水萝卜、苤蓝、胡萝卜、红菜头和豆类*播种晚熟胡萝卜、黄菜头、红菜头和莙荙菜*一直到7月，需要复种的作物：各种香草，如冬香薄荷、莳萝、峨参、洋甘菊、旱金莲、芝麻菜和琉璃苣*将在次年收获的葛缕子***育苗***罗勒和马郁兰***其他事项***充分灌溉新栽种的植物*盖有机覆盖物*根据需要浇水灌溉*在草莓植株下铺干草（避免以后果实接触泥土）

***5月中旬以后：**可以种植对霜冻敏感的植物（注意天气预报，最好晚几天再播种）*番茄喜爱栖身在遮护棚下*在种植番茄时，应设置支架*施植物性肥料*反复完善腐殖质覆盖物*按需要适量浇灌*给豌豆、马铃薯和豆类培土*注意害虫：捡拾蜗牛，用生物方法防治蚜虫、跳蚤甲虫和金针虫

6月 **收获***沙拉菜、香草、小水萝卜和苤蓝等*从6月的第3周开始就要停止收获大黄*芦笋的收获也结束了*在6月种植的香芹，直到次年春天，仍然枝叶繁茂***复种***夏季沙拉菜、胡萝卜、白萝卜和矮秆豆类***播种***6月初至8月：茴香、晚熟苤蓝品种、苦苣生菜、菊苣（直接播撒种植，稍后分棵移栽）***其他事项***耕地除草*盖有机覆盖物*按需要浇灌*给强肥植物抛洒堆肥或施稀释植物性粪肥*重新配制植物粪肥*给豆类和马铃薯培土*对种植得过密的胡萝卜、红菜头和欧防风等进行间苗*注意虫害，并做好必要的防治

7月　收获*不断采摘蔬菜和果实*播种*生菜和白萝卜*直到本月中旬：矮秆豆类、冬季苦苣和莙荙菜*本月底：晚熟胡萝卜品种、豌豆和小水萝卜*直接播种，分棵移栽*菊苣生菜、大白菜、黑皮萝卜和芜菁*其他事项*耕地除草和完善有机覆盖物*早上浇灌比晚上浇灌效率高*捆绑番茄枝干和打叉*最好剪掉枝干下部的叶片，减少枯萎病害*注意虫害：捡拾蜗牛*对强肥植物施用植物粪肥或有机肥料*享受园地里的阴凉

9月　收获，收获，收获*播种*9月初：种植在菜畦越冬的洋葱*直到本月中旬：冬季沙拉菜*供冬、春两季采摘的莴苣缬草和菠菜*小水萝卜*在空置菜畦上种植绿肥：法色草、芥末、冬黑麦和菠菜*其他事项*给大黄分株

11月　收获*把菜畦收割完毕*抱子甘蓝、韭葱、鸦葱根、欧防风和香芹可以留在菜畦里*芹菜头、胡萝卜、红菜头、黑萝卜和黄菜头可以埋入沙子里，储存在避光而无霜冻的地方，供冬季享用*播种*可以种香芹根*其他事项*用枯枝落叶覆盖冬季沙拉菜、冬季球茎植物、莴苣缬草和菠菜*干燥的种子花序可以作装饰品*用锄头给菜畦松土，并用地膜、稻草或谷糠覆盖

8月　收获*不停地采摘蔬菜和果实，采摘第一个番茄和马铃薯*播种*8月初：在已经收获的菜畦里，播种秋芜菁（最好种在收获过豌豆的菜畦里）*冬季萝卜（黑萝卜）*菠菜*从本月中旬起：冬季沙拉和莴苣缬草*其他事项*根据需要锄杂草、完善有机覆盖物和浇水

10月　收获*最晚在10月，必须把马铃薯挖出来，存放到防冻而避光的地方*把晚熟卷心菜品种加工成酸菜*把番茄连秸秆一起收获，倒悬在防冻的室内*可以把绿色果实放在室内继续成熟，注意要放在避光的地方*把生长在户外的苦苣生菜、叶片生菜和菊苣生菜覆盖保护起来*即使受到轻度霜冻，以上蔬菜也能生存*其他事项*移植冬季沙拉菜*移植冬季球茎植物*种植大蒜

12月　收获*抱子甘蓝、韭葱、莴苣缬草、鸦葱根和山葵*其他事项*收集补充枯枝落叶*把休耕空地用稻草或生物材料盖上*清洗检修工具*悠闲地度过这一年

丰收、美食和享受！

冬日里的ABC

冬天的户外寒风刺骨，人人脸颊冰凉，鼻子通红。而这时的屋子里面却舒服极了。虽然放眼望去外面一派冬日景色，在皑皑冰雪的覆盖下还看不到一寸土壤，但库拉已在摩挲着自己的种子宝藏了。